一人公司

起步的思維與挑戰

Everything I Know

目錄

第2部 克服冒險旅途上的障礙 —— 91

致台灣讀者

大家好，很高興知道《一人公司》在台灣熱銷。在我完成這本書前五年，我寫了《一人公司起步的思維與挑戰》。如果說《一人公司》是一本教你如何以專注於「足夠」而非「更多」的方式，來運作一間可長期維持的企業的範本，那麼《一人公司起步的思維與挑戰》就是一本告訴你為什麼要這麼做的書。

這本書的內容著重於，為什麼你必須在企業或創業精神的典型道路上做出改變，走一條你為自己開創的道路。本書當中並沒有提供適用於所有人的公式，而是分享一個更靈活的準則，讓你在工作與生活中選擇屬於你的冒險之旅。

在二〇一三年的秋天，我正處於人生中最大的職業轉型期。在過去十五年的時間，我創立一間公司，從事網頁設計師與顧問工作，為一些全球最大的企業服務，其中包含微軟（Microsoft）、梅賽德斯－賓士（Mercedes-Benz）、雅虎（Yahoo）等企業。

此外，那個時候我也正與一些處於領先地位的企業家合作，他們是品牌與企業的大人物，像是瑪莉．傅萊奧（Marie Forleo）、克莉絲．卡爾（Kris Carr），以及丹妮兒．拉波特（Danielle LaPorte）。雖然當時我正處於我的事業巔峰，但是我熱切的渴望改變。我已經從無到有建立起自己的公司，也在我工作的行業裡享有很好的名聲，但我卻發覺自己想嘗試一些新事物。

想要冒險走入未知境地，並探索新的領域，是一件很可怕的事，而且我不知道這條路會帶領我走到哪裡。老實說，我不知道我是否會毀掉某件偉大的事情（我的職業生涯），只因為它對我來說似乎還不夠。最終，我利用這本書出版前那一年與出版後那一年的時間，把我的職業生涯從客戶服務為主（網頁設計與顧問），轉變成提供產品為主（軟體、書籍，以及課程）。

五年後，當我再回頭看這件事，事後可以看出這個冒險是我做過最好的決定，但是在當時，以及在寫這本書的時候，我根本無法肯定。《一人公司起步的思維與挑戰》是當事情正在改變、正在翻轉，以及我的疑問多於答案的時候，所寫下的一本書。

這本書是我嘗試克服恐懼與脆弱，並且分享其中的好與壞給讀者的一本書。有趣的是，這本書就是我的職業生涯疑問的轉捩點。

這本書絕妙的成功為我帶來了機會與成長，讓我越來越容易做出從服務轉向產品的決定。我藉由公開分享我所害怕的一切，成功為我生命的下個篇章鋪好道路，成為一名作家與產品創造者。

所以，親愛的讀者，我真的希望你會喜歡這本書。在寫下本書的多年後，這些教訓與內容依然完全有效。如果你喜歡我其他較新的著作，那麼這本書將會提供你超棒的見解，讓你更深入的了解一切的來龍去脈。

保羅・賈維斯

二〇一九年九月十三日

推薦序　當自己人生的總經理

于為暢

保羅．賈維斯是資深網站設計師、新創公司創辦人，巡迴美加演出的樂團成員，自費出版過兩本書。他最近的一本書《一人公司》（*Company of One*）暢銷全球，被喻為「自由工作者必讀的一本書」，而這本《一人公司起步的思維與挑戰》是他多年前的作品，很像是《一人公司》的前傳，讓我們更理解他對工作和生活的看法，也是一本我認為很值得拜讀的激勵手冊。

《一人公司起步的思維與挑戰》講的是每個人都要走出自己的路，踏上屬於你自己的冒險之旅，光模仿別人的成功，走別人的「成功之道」沒什麼意義，因為先行者早就到達終點把寶藏拿走了，你什麼也得不到，倒不如開墾自己的冒險旅程，符合你價值觀的一條路，一邊探索一邊修正路徑，發現你自己的寶藏，這才是真正有意義的人生。

對於工作與生活，作者認為應該由「內在的價值」來驅動，別讓「外部的價值」來影響你的人生，例如學校成績或銷售業績等。那些被學校或社會教育的事，不一定和你內心的想望一致，很多時候我們被許多外在因素所引導，去追逐金錢、名利、聲望，或更多的讚與分享，但過程中卻喪失了真正的自由，迷失了自己。我們是否問過自己做這些事有意義嗎？

就算你沒有錢、沒有名、不行銷自己，難道你這個人就沒有價值嗎？「自己值多少」是由自己的內在價值所定義，而不該受到外部價值的影響。「多有價值」和「有多少錢」也不該畫上等號，你會覺得自己的價值不如富二代或田僑仔嗎？他們比你有錢，所以他們比你有價值嗎？「自我價值」是澈底認識自己，追隨自己心中的呼喚，而你該從事的工作也因如此。

我回想自己當初辭掉外商公司總經理的時候，很多人都覺得訝異，為什麼要離開「錢多事少離家近」，又有這麼好頭銜的工作，我自己心裡卻非常清楚，這不是我該度過餘生的地方。我開始好奇，如果我毅然決然離開現在的舒適圈，我會怎樣？如果我放棄令人稱羡的百萬年薪，我有能力再起嗎？如果我放下總經理的身段——神經病，身段能吃嗎？「公司總經理」對我而言有何意義？我要當的是我自己「人生的總經理」。

就像作者在書中不斷質疑「專家建議」「外部聲音」一樣，你現在從事的工作真的對你有意義嗎？還是只是為了餬口？你是否問過自己的內心，有沒有其他工作才真正的具有意義（同時有人願意付費）。假設你寫了一本書，完全不賺錢，但卻深深的影響兩個人，你會對這件事感到有意義嗎？如果這符合你內在的價值觀，那就有意義，那就應該去做，儘管沒有賺到錢，你也賺到內心的滿足，不是嗎？我的想法是，多數事業都從助人開始，錢也真的會因此而來；若是還沒來，就再幫助更多人。

網頁設計這行很競爭，有無數人在做跟他同樣的事，但作者說他從不與人比較，甚至也不宣傳、拉客，他只專注於創造超凡的作品，在時間內完成客戶的需求，這就讓他案子接不完。剛創業時，他定了一個目標，要賺到一百萬美元，於是他什麼案子都接，每週工作八十小時，就像驢子看到眼前的紅蘿蔔那樣盲目，後來他發現他只是被外界的標準所影響，訂立一個他覺得他「應該」

設的目標，但並沒有真正反映他內心的想要，所以在過程中感到很痛苦。他開始慎選客戶，只接那些他覺得有意義，與他價值觀一致的工作。當他工作不再是為了錢，而是為了呼應自我價值的時候，他才感到真正的自由。

傾聽你內心的呼喚，不用怕「做自己」，活出你的獨特性，縱使在別人眼中你很「怪」，但作者堅信每個人都很怪，因為那才是真實的自己。他會說無傷大雅的髒話，只是為了展現真實性，並不影響他的工作能力或紀律；他全身都刺青，也不代表他是個壞人，只是反映出他的個性和天生的「怪」。他清楚知道不是所有人都喜歡他，但他無所謂，因為活得像自己才比較自在。

作者鼓勵我們要走出一條屬於自己的路，那如何知道自己正走在「自己的道路」上呢？很簡單，想想做這份工作對自己比較重要，還是對別人比較重要？對自己比較有意義，還是對別人比較有意義？過程中自己真的快樂嗎？我們都有帳單要繳，小孩要養，所以為了賺錢而偶爾「利他」很正常，但滿足你自己的內在價值才應該是你的日常。

對於未知，大家都會害怕，但本書提出一個相當新穎的看法，那就是你害怕失去的東西，就是你最珍惜的東西。所以我們不妨反過來想，如果我們當初不曾克服恐懼，怎會得到現在所珍惜的東西呢？我們要有能力與恐懼共處，再克服它去發現新世界。擔心現在，而不是擔憂未來那些不一定會發生的事，別讓未來的擔憂阻礙了眼前的發展，我們唯一要專注的就是當下的付出，未來既然不可預測，那就別浪費時間和精神去想像。

「沒有時間」是人類最好的藉口，白天要上班，晚上要顧小孩。但其實你不是沒有時間，只是沒有排優先順序。做大事需要犧牲，把你的心態從「消費」（consumption）改成「創造」（creation），走一條新的路徑。英文有個詞叫做FOMO（Fear Of Missing Out），我們用力刷臉書就是FOMO在作祟，但事實上你越害怕錯過事情，你會錯過越多「真正的事」。花越多時間關心別人的動態，就等於更少時間能做自己的事，過你自己的人生。

除了「沒有時間」，另一個常見的藉口是「沒有錢」，對於那些嘴巴說想創業，身體卻在沙發上追劇的人來說，他們認為開展事業需要一筆資金，但事實上，創業可從幫助別人，解決問題開始。我認識的很多人都從寫部落格開始，分享自己的專業，然後流量一大，機會就上門，各種邀約不斷，漸漸闖出一番事業。在網路數位時代，有太多人沒花一毛錢就「創業」成功，甚至他們成功以後，才發現原來這叫做創業。作者也花很多時間寫作，一方面幫助別人，一方面為了宣傳，而且把想法寫出來公開分享，才知道你的想法是否靠譜。

走自己的路，創自己的業。我們真正害怕的是什麼？害怕會餓死嗎？作者說，也許是害怕其他人的嘲笑眼光，怕世人用你的失敗來評斷你。我想起一句話是這麼說的：「我不是失敗，我只是暫時停止成功。」很多比你有名的創業家都不怕別人的指指點點，你區區一個素人有啥好怕的？千萬別讓你的潛力被「可能的失敗」所禁錮。

對任何創作來說，「完美」是個神話，追求一個不存在的神話，就是妨礙你產品上線的原因，只要「夠好」就該上線。作者的文章常有人退訂，但他也不怕，繼續寫，有負評不用怕，負評只是讓你未來的作品更棒，不紅的時候沒人會關注你，正是你實驗點子的好時機，反而紅了以後，更多人會批評指教。所以在這段冒險之旅中，每一階段都有好有壞，不必害怕外界的評斷。說真的，真正阻礙你分享給全世界的人，就是你自己。

作者雖是一位內向者，但本書充滿正向思考。身為創意工作者，我們要開始由內在價值去引導事業發展，因為那提供更多選擇的自由，就算失敗，也不要對信念妥協，只要記取教訓再修正就好，不停嘗試，用行動克服恐懼。我最常說的八個字：「作品連發，量多必中。」創作是，實現點子也是。多做才有機會，如果經過多番嘗試都無法做到最好（到有人願意付錢買你的程度），那就試試看其他點子，某天一定會中的。

這本書是自由工作者和各類型創作者必看的一本心靈指南，我很榮幸能大力推薦。作者不藏私的分享他的工作紀律，如何面對恐懼，培養自信，提倡助人精神。其實每個人內心都藏有指南針，唯一前進的方式就是繼續走。只要跟著你的價值觀走，無論成功或失敗，至少不會迷失。

【推薦人簡介】于為暢

資深網路人／個人品牌事業教練

推薦序　「一人公司」心法

鄭緯筌

對於有志創業或朝自由工作者方向發展的朋友們來說，想必看過坊間一大堆和創業、財務自由或斜槓人生發展有關的書籍。但我必須說，在這麼多的相關書籍之中，您千萬不可錯過《一人公司：為什麼小而美是未來企業發展的趨勢》。這本書不但是創業者的良伴，也鼓舞了很多正在尋求職涯突破的年輕人。

如果您先前已經看過《一人公司：為什麼小而美是未來企業發展的趨勢》，自然沒有道理不繼續閱讀同位作者所寫的《一人公司起步的思維與挑戰》。當然，如果您之前還來不及閱讀的話，建議您把這兩本書都帶回家——先看看《一人公司起步的思維與挑戰》，掌握好心法和原則之後，再從《一人公司：為什麼小而美是未來企業發展的趨勢》之中學習實戰技巧。

保羅．賈維斯的這兩本書，毫無疑問是近年來難能可貴的商管好書。對我而言，之所以會想要看這兩本書，不只是因為創業的緣故，而是我和這個主題有些淵源。我非但對於「一人公司」這個主題一點兒都不陌生，甚至還會覺得有些親切。

這是因為早在多年前，我還在台灣財經科技媒體圈知名的《數位時代》雜誌擔任主編的時候，就曾經處理過「一人.com」的題目。現在回想起來，「一人.com」和「一人公司」的概念和脈絡如出一轍，甚至還真的有幾分相像！

只是有些事情的發展讓人始料未及，當年我還只是一個在主流媒體任職的記者和編輯，時常會和同仁去採訪新創團隊，追蹤最新的科技趨勢。如今的我，卻是兀自摸著石頭過河，一路走上顧問諮詢、授課等創業的征程。箇中滋味，真的只有自己才知道了……

保羅．賈維斯口中所謂的「一人公司」，其實我們可以將其視為是一種新穎的經營方法，專注於變得更好而不是更大。換言之，維持小規模進而帶來自由，讓您可以去追求生活中更有意義的樂事。

也許會有人質疑這本早在《一人公司：為什麼小而美是未來企業發展的趨勢》問世前五年就寫好的書籍，是否還有閱讀的價值？但一如作者自己所言，這是一本告訴您為什麼要這麼做的書籍。說得更直白一些，我認為這其實是一本教我們如何做到心態（mindset）致勝的好書。

在今天這個知識爆炸和資訊焦慮的年代，光知道為什麼要這麼做，遠遠不足！我們更需要知道接下來該怎麼做？

保羅．賈維斯指出，本書著重於為什麼您可能要在企業或創業精神的典型道路上做出改變，走一條為自己開闢的道路。儘管作者並未提出可以適用於所有人的公式，但卻愷切的提出真誠的建言以及可以靈活運用的原則，幫助大家踏上冒險之旅。

他也多次提到，如果想冒險走入未知境地，探索新的領域，誠然是一件很可怕的事，而且沒有人知道這條路會帶領自己走到哪裡？但是，他在寫書的期間還是毅然做了大膽的嘗試，把自己的職業生涯從客戶服務為主（網頁設計與顧問），轉變成提供產品為主（軟體、書籍，以及課程）。

有趣的是，這個想法剛好也跟我的不謀而合。翻閱《一人公司起步的思維與挑戰》的相關章節時，也讓我想起自己的創業歷程，近年來除了幫兩岸三地的企業、大學授課之外，我從二〇一九年元月開始推動的「Vista 寫作陪伴計畫」，轉眼也即將進入第五期了。我和作者一樣，都當過網頁設計師，但我卻發覺自己還想要嘗試一些沒有做過的新事物。

我很欣賞保羅．賈維斯贈與大家的建言：「傾聽自己內心的聲音吧。相信您的旅程，並且盡可能多透過親身實驗學習。」所以，除了授課、寫書和推出「寫作陪伴計畫」之外，我在二〇二〇會有更多嶄新的企畫，像是付費電子報等。

看完整本《一人公司起步的思維與挑戰》的書稿，除了完整理解作者的理念，也讓我能夠換位思考，更加認識自己的內在潛力。原來，我不是一位只會講授內容行銷、文案寫作和個人品牌的講師，過往的產品經理、製作人和媒體主編等豐富經驗，容許我做出更多大膽與獨特的嘗試！

我很同意作者的觀點，「我們試圖仿效他人的成功模式，因為這似乎是能在事業上取勝最簡單、最短的途徑。如果他們以特定方式做得很好，我們不就能做相同的事嗎？如果賺到大筆財富的地圖已經繪製好，那我們跟著走不就好了嗎？但問題只有一個；第一個抵達的人已經奪得那些寶藏。你需要偏離道路、偏離地圖，才能找到屬於自己的幸運符。」

要知道，在航向成功彼岸的過程中，可能充滿危機，而且沒有捷徑。但是，實現目標的方法，卻不只一種。除非你不時覆盤，否則可能真的不會知道，自己就在正確的道路上……

在每個人的職涯發展過程中，打安全牌或是過度追求完美，都是過猶不及。我認為《一人公司起步的思維與挑戰》一書真正想要告訴讀者朋友們的，其實是——我們更應思考如何讓自己夠出色？而夠出色的意思是，你已經毫無保留、全力以赴，把最精彩的身影都留在舞台上了……

【推薦人簡介】鄭緯筌 Vista Cheng

《內容感動行銷》作者、「內容駭客」網站創辦人。

https://www.contenthacker.today/

推薦序

做自己，就是最好的故事

賈斯汀・馬斯克

我必須跟大家坦白一件事。雖然我很高興能寫這篇推薦序，但我卻遲交了。我可以隨便找些藉口（因為吸入火人祭〔Burning-Man〕的垃圾，導致鏈球菌性咽喉炎惡化的嚴重病例），或者為健忘的藝術家辯解（上帝知道我以前這麼做過），但事實就是我太不專業了。再加上因為這份推薦序是要交給保羅・賈維斯的，他是終極職業老手，所以我更加覺得自己不專業。保羅的速度實在很快，他甚至在你發電子郵件給他之前，就回信給你了。

在我無意間發現保羅時，他已經知道自己是誰（在網路上），也知道自己在做什麼（在網路上）。以一種更詩意的說法就是，他已經找到他自己的故事了。這對我來說是好事，因為我還沒。我已經在LiveJournal上「寫部落格」好幾年了，後來我把部落格搬到wordpress.com，還以為它是wordpress.org，我根本不了解它們之間的區別。在我毀掉一個或四個模板之後，我非常清楚，我名副其實的成為瑪莉．傅萊稱之為「網站恥辱」的案例。我需要一名醫生，馬上。

保羅的故事就像所有最好的故事一樣，融入在他的產品中。他透過他的作品行銷自己，他的作品為他述說著他的故事。當我對不同網站的設計進行幾個月的調查後，我回到在視覺上引起我共鳴的第一個部落格——它是丹妮兒．拉波特（Danielle LaPorte）的部落格。在我仔細研究後，發現該網站製作者的名字，就是保羅．賈維斯。我懷著想成為搖滾明星的心情（但其實是一位缺乏音樂天賦的作家）去找保羅，告訴他我希望我的部落格可以像一張專輯的封面一樣。然後，我發現保羅也是樂團成員，我知道他就是我要找的人。（最後，我的部落格標頭放了一張黑白照片，上面有上身裸露擺著姿勢的我（不過很高雅），和一條名字叫安傑洛（Angelo）的黃色球蟒。）

當我的新網站推出時，發生了一件有趣的事。由於網頁設計讓我對於我是誰（在網路上）、我代表什麼——我的「品牌」——有了更強烈的視覺感受，這也漸漸的影響我的寫作。我變得越來越大膽。我開始把主題從我一直在談論的話題上移開……引導到我真正想談的話題上。於是，我的網站流量增加了，我也變得更有名了。

雖然網站設計是保羅在做的事，但這不是他真正的工作。他在做的是創造性與自我探索的工作；他做的是尋找你的聲音的工作。他知道我們想要從事了不起的工作，而當中的故事需要透過我們自己努力去講出來，不只關乎我們是誰，也關乎我們的客戶、消費者或讀者想要成為什麼樣的人，以及我們能以什麼最適當的方式去幫助他們成為那樣的人。保羅沒有試圖告訴我們這件事，他只是提出問題，然後提供建議、工具和見解，去開啟我們的故事，讓它更暢通無阻。

這就是為什麼這本書並沒有自稱是成功的藍圖。就跟你模仿別人的網站，而無法表達出你獨特的價值一樣，如果你模仿別人的行銷、戰術，以及策略，你就無法發展出與眾不同的品牌，也無法發揮自己的優勢與價值。我們心目中都有自己的英雄、榜樣，以及仰慕的人，但正如保羅所說的，我們必須將他們視為讓我們更深入了解自己的起點。與其試圖變得更像他們，我們更應該留意那些我們無法到達的地方——接著投入那些地方，從那裡開始發展。我們要把借來的藍圖拋在腦後，然後依靠我們內在的力量與更深層的智慧。這就是我們成為原創的方式。說起來容易，但做起來難。

我經常震驚於，人們輕而易舉就接受做自己的建議，卻沒有考慮到這是一項棘手且複雜的任務。我們的文化訓練我們要避免脆弱，以至於我們為了保護自己脆弱的靈魂，會編造出一個完整的「虛假自我」，但想要成功的做自己，便需要依靠這個脆弱。為了做自己，你必須打破這個人格面具，展現你的本質。你需要擁有技能（且充分掌握你的技能），以便在你的工作中表現出真實的自我。當「你是誰」與「你是誰的形象化」（你的「個人品牌」）之間的差距盡可能縮到最小時，你就會顯得真實。我們會認為你很可靠，因此更有可能跟你建立關係，或跟你做生意。

這就是為什麼最好的故事不會偽裝與包裝我們的不足，而是會激發我們成為更受歡迎、更真實的自己——更好的可能性。你可以藉由將客戶塑造成故事中的英雄，來賦予他們自主權，而不是賦予你自己、或者你想銷售給他們的產品或服務力量（產品或服務應該要能夠解決他們所有的問題）。你應該把自己塑造成導師。你的角色是為英雄提供建議、工具、禮物和見解，以幫助他們追求自我實現。

保羅就是這麼做的。這就是他。他就像任何一位優秀的導師一樣，他是過來人，他把得到的一些經驗拿來教我們。

所以，祝福讀者在講述自己的故事時一切順利，我很高興這本書、這篇推薦序是其中的一部分。

願你能真正的做自己。願你有意識的做自己。願你的故事是輝煌的篇章。你的聲音是真實的，你的事業超讚的。保羅．賈維斯會告訴你不要退而求其次。

這是一個好建議，我覺得你可以接受。

【推薦人簡介】賈斯汀．馬斯克（Justine Musk）

原名詹妮弗．賈斯汀．威爾遜（Jennifer Justine Wilson），加拿大作家。著有奇幻小說《嗜血天使》（*BloodAngel*）、《不速之客》（*Uninvited*）。她與企業家埃隆．馬斯克（Elon Musk）的婚姻始於二〇〇〇年，結束於二〇〇八年。

序曲

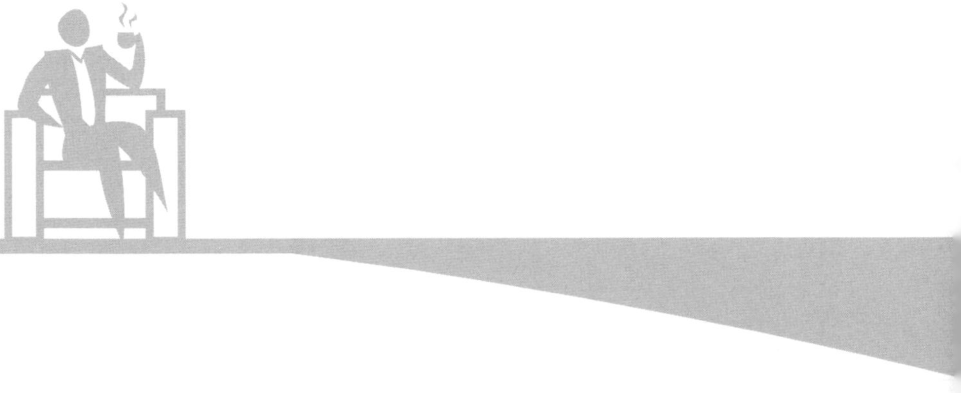

「勇氣並不是來自無所畏懼，它來自害怕與勇往直前。」

——保羅．賈維斯（Paul Jarvis）

給你的挑戰

在你開始嘗試並突破極限之前，你不會知道自己的潛力有多大。

我很害怕自己會被創意警察逮捕。

他們會收到內部情報，說我應該立刻以詐欺罪被起訴。他們會破門而入，又踢又叫的（更像是無法控制的啜泣），把我從我的床上拽下來。

我將會在同業的法庭上受到審判，或者至少會受到推特（Twitter）關注者組成的陪審團審判。他們會煞費苦心的告訴我，我一無所知；我不應該再給別人建議，我創造的一切完全是垃圾。法庭上會有圓餅圖為證與專家證人。我請來的昂貴律師，將會在大部分的審判過程中都要用手摀著臉，無法提出任何異議。對我不利的證據將會非常的明顯，因此法官會開始扮演憤怒鳥。

我會被判決要穿著西裝、打著領帶，待在一間米色辦公室裡，而裡面有一台再正常不過的飲水機。我會被判四到五個連續的無期徒刑，沒有假釋機會，也沒有探視權。我將再也見不到我的妻子與寵物鼠。

我已經在腦海中，把這個場景播放過很多次。

但事實上，我每天早上醒來都沒有收到逮捕令。我自由自在的生活，並且創造新事物。我可以自由的跟世界分享創意，也可以不計後果的去做我的工作。這就是我在做的事。

我寫這本書的目的是為了向你解釋，你現在的內在潛力，也就是去做一些獨特、創新的事情的潛力。我之所以知道，是因為我有相同的潛力，而有時候我也會難以釋放這個潛力。在你開始嘗試並突破極限之前，你不會知道自己的潛力有多大。

我創造我一直非常害怕分享的事物，但我不斷的在分享它們。無論我做什麼，我都會繼續走我自己的路，因為我知道，這是我對我創造的事物真正感到快樂的唯一途徑。即使創意警察一直注視著（可能就在街道對面那輛沒有標誌的貨車上），我還是會嘗試新事物，並且不斷的鞭策自己，因為我很熱衷去看看我能帶著我的工作走到多遠的地方，我能帶著新的想法實驗多少次，這就是我在自己所做的事情當中找到最大價值的方式。雖然我不喜歡我內心的緊張感，但我真的很想知道我能走多遠。

這本書是我給你的挑戰，希望你能勇於承擔屬於你的風險，並且挑戰你自己的極限。勇氣並不是來自無所畏懼，它來自害怕與勇往直前。我想讓你看看你能走多遠。我想向你提出挑戰。去大鬧一場吧！

近二十年來，我用自己獨特的方式（沒有犯罪紀錄）創立我自己的事業。假如這個方式行不通（天曉得？），我們甚至會共用一間牢房。但至少我們已經冒過險，也已經嘗試創造出一些偉大且有意義的事物。

是時候去冒險了

我會在每一天不斷的做出選擇、不斷前進，也不斷創造屬於自己的冒險。

早在我為自己工作、被幻想警察突襲之前，我就很愛閱讀《多重結局冒險故事》（*Choose Your Own Adventure*）這系列的小說。如果你不熟悉這個系列的書籍（由Bantam Books於一九八〇年代至一九九〇年代所出版）也沒關係。簡單來說，作者會帶你（讀者）進入故事，然後讓你決定故事情節。故事中，你是負責做決策的英雄，而你會不斷的面臨各種選擇。

假設你要去救公主（很不幸的這些書帶有性別歧視），然後你遇到一條看守道路的龍。如果你想戰鬥，就請你翻到第十三頁；如果你想要轉個方向跑走，就請你翻到第十八頁。

每一個選擇都會帶你進入不同的頁面，最終也會抵達一個獨一無二的結局，你不是成功（拯救公主）就是失敗（被龍吃掉）。

我之所以喜愛這些書，是因為我必須主導行動，而且我總能看到我選擇的結果。在我真正進入故事、閱讀它、做出決定之前，故事的情節都還未成定局。結局從來就不是確定的，但為了知道結局，我必須不斷的做出選擇。

兩個人可以讀同一本書，卻有著完全不同的經歷、冒險和結局。你也可能會陷入故事情節的迴圈裡，讓自己處於無法破解的循環中，直到你做出不同的選擇為止。

一直以來，我都將自己的工作當成一本《多重結局冒險故事》的書。此外，如果我仔細觀察我的生活方式，那麼兩者的相似之處便顯而易見：

我選擇屬於我自己的路。

我忠於自己和自己的價值觀。

我實驗各種選擇。

我可能會害怕，但我不會讓恐懼阻止我嘗試新事物。

我只有不斷的做出選擇並勇往直前，克服我的恐懼，以及挑戰我的極限，才能過著有意義的生活。

我們所有人在前進的道路上，都會面臨挑戰（或龍）——無論它們是我們正在開闢的道路，還是別人走過的老路。如果你害怕嘗試新事物，或者害怕向世界展示你的工作成果，這也沒什麼大不了，因為我也是。但是，我會在每一天不斷的做出選擇、不斷前進，也不斷創造屬於自己的冒險。我希望這本書能夠激發你也去做同樣的事。

我唯一真正的工作

我從不相信規則或公式。我寧願直接嘗試，然後從自己的經驗中學習。

我並非一直都自己雇用自己工作。在我職業生涯的一開始，我是多倫多一家廣告公司的網頁設計師，做那份工作只不過想了解「工作」是怎麼運作的。我不喜歡我的老闆和那份工作，但我很感激能藉此學習到，我不想用什麼樣的方式來經營我自己的公司。

當我在那間公司工作時，我非常努力——以至於我辭職後的隔天，我不是忙著搞清楚如何寫履歷，而是接二連三的接聽以前的公司客戶打來的電話。他們一直在詢問我接下來要去哪裡工作，這樣他們就可以跟著我一起去。

在第三個或第四個客戶打來之後，我便意識到我不必把他們帶到新公司；我可以自己為他們工作，並且以對我來說有意義的方式去做。從那刻起我就知道，如果我要當自己的老闆，我想成為一個好老闆。

為了成為自己心目中的好老闆，我必須清楚自己想做什麼，以及我想以什麼方式做我想做的事。現在，我已經花了將近二十年的時間為自己工作，也發展出自己喜歡的一份工作。

我從不相信規則或公式。我寧願直接嘗試，然後從自己的經驗中學習。有時候我會失敗，也會因此虧錢或失去客戶，但有時候我沒有失敗。無論失敗與否，我都能學到一些有價值的東西。

再來一片相同的餅，好嗎？

為自己工作的神奇之處在於，你不必遵從領導者。

我們當中有些人的工作是，只要遵守規則就能取得成功。我們可以慢慢的進展，為不同的、更厲害的老闆工作。但是，我們仍受到別人想怎麼經營公司的方式所支配，而且公司可能也受到投資者、股東，以及董事會嚴格執行的規則所約束——其他人對成功的看法就更不必提了。

用相同的心態來對待你自己的工作，是輕而易舉的事。也許你會認為，如果你能在你的行業中，開發一款跟所有其他人類似的產品，那麼你就能從同一塊大餅當中分到一片。不過，這塊大餅的切片數量可是有限的，而且可能不合你的口味。有時候，烤一塊新的餅會更好。你可以按照自己的喜好準確的調味，甚至可以使用殺手級的新配方。

為自己工作的神奇之處在於，你不必遵從領導者。你可以開闢自己的道路，建立自己的規則。你可以表達自己獨特的聲音，你可以讓工作與你的價值觀保持一致，並且創造一份讓你覺得充實與興奮的工作。畢竟，這就是大多數人為自己創業的首要原因。

如果房間裡有龍

沒有人可以肯定的告訴你，遵循哪些特定的步驟就能帶領你走向成功。如果有人聲稱擁有一個放諸四海皆準的解決方案，那麼請你朝著另一個方向邊尖叫邊奔跑吧。

這可能行不通。

我只能說明我學到的東西，和我看到其他人為了實現他們的目標所做的事。不過，僅以這些經驗來指引你的工作是不夠的。

當然，這本書裡有很多的經驗，但是我必須特別強調，你必須自己去嘗試，然後開闢自己的道路。事實上，做些跟我分享的一切正好相反的事情，反而會是你的生活與工作中最有意義的事。

我們不會知道選擇的結果，除非這些結果成為現在或過去。沒有人可以肯定的告訴你，遵循哪些特定的步驟就能帶領你走向成功。如果有人聲稱擁有一個放諸四海皆準的解決方案，那麼請你朝著另一個方向邊尖叫邊奔跑吧。

這本書並不是要提供清楚直接的建議。這個世界充滿了「經證實有效的技巧與訣竅」。每個人都是老師、權威、專家，或者擁有線上課程可以供你遵循。這些專家可能（大多數）有良好的意圖，但他們錯了——不是因為他們提供的訊息不正確，而是因為他們在講**他們自己的故事**，分享對他們來說有用的內容與原因。我現在也正在做同樣的事情。

但是，我們這些提供建議的人都不知道，對你來說可能性會是什麼。當然，我們可以提供真知灼見，但僅此而已。我最好的建議是什麼？**管他媽的建議**，**傾聽自己內心的聲音吧**。相信你的旅程，並且盡可能多透過親身實驗學習。

實現目標的方法不只一種，而且除非你回顧這段經歷，否則你可能真的不會知道你就在正確的道路上。

第1部

選擇屬於你的路

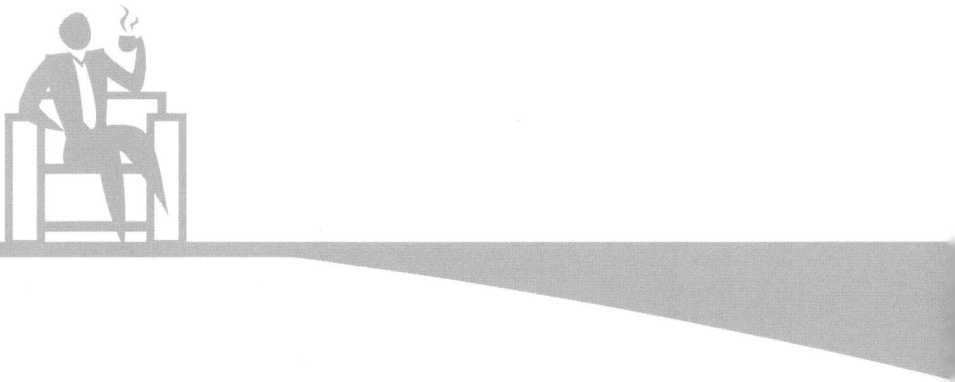

「我必須創造一個系統，否則就會被另一個人的系統所奴役；我不做推理與比較：我要做的事情就是創造。」

——威廉・布萊克（William Blake）

你的工作

第一個抵達的人已經奪得那些寶藏。你需要偏離道路、偏離地圖，才能找到屬於自己的幸運符。

如果我只要聽到「我想要一個像某人網站一樣的東西」就能得到五分錢的話，那麼我的錢幾乎多到可以買一艘遊艇。

我也看過無數網站，仿效同業中的佼佼者，使用相同的版面設計、相同的風格、相同的行動號召，並且提供類似的產品。這些不是直接的複製品，也不是明目張膽的剽竊，但是它們相似到無法對它們的老闆帶來任何好處。這些設計作品沒有什麼獨特之處，因此很容易被人澈底遺忘。

雖然向知名的領導者與前輩學習有明顯的好處，但是如果你的工作或作品跟別人的完全一樣，那麼你就無法在市場上做出差異化。

我們試圖效法他人的成功，因為這似乎是能在事業上取勝最簡單、最短的途徑。如果他們以特定方式做得很好，那我們不就能做相同的事嗎？如果賺到大筆財富的地圖已經繪製好，那我們跟著走不就好了嗎？但問題只有一個：第一個抵達的人已經奪得那些寶藏。你需要偏離道路、偏離地圖，才能找到屬於自己的幸運符。

這個世界會獎勵那些嘗試新事物、提出新經營方式的人。最成功的創新者會獲得最豐厚的回報，而那些只是複製原創模型的人，最多只能獲得一部分原創的回報。

我不會說這樣就足夠了——你不必按照他人的模式來複製你的工作，也不必模仿事情典型的運作方式。而且毫無疑問的，你不必仿效大型企業的運作方式。如果你能從本書學到一件事情，那麼我希望這件事會是：**你所選擇的是屬於你自己的冒險**。

如果有一種可以讓任何人、所有人變得超級成功的單一商業模式，那麼私人飛機、遊艇和高檔香檳將會供不應求。你會在所有角落都看到金錢的鬥爭。

所以，假如模仿他人並不能保證什麼，那你為什麼不以你自己的方式做事呢——你的方式會跟你的價值觀，和對你來說重要的事情相符合。而且假如你嘗試的方法無效，你可以隨時進行戰略轉向（pivot）[1]，或做出一些改變。除非現在你跟領導者有所差異，否則你將會跟他們處於同一個市場。以自己的方式做事，會是雙贏局面，對吧？

這就是你選擇屬於自己的冒險的方式。

1 譯註：pivot 原意為轉軸，這裡是指公司根據產品或服務與市場互動的實際狀況，找出新的方向，並重新調整策略。

價值與價值觀

如果我們從內在衡量自己的價值，那麼外在力量就無法對我們產生影響。它可以完全超脫於我們在自由市場上賺多少錢，或我們的工作可以賺多少錢。

學校教會我們，以我們獲得的成績來衡量自己的價值。這些價值是由善意的外部來源（老師）指派給我們的，如果我們在班上排名第一，我們身為學生的價值就會更高。

在我們的生活中，老闆、甚至客戶都試圖藉由我們賣出多少，或提高多少利潤來衡量我們的價值。我們的價值也根據我們獲得多少薪水來衡量，這又是另一個由外部來源所決定的價值。

我從不相信這個過時的系統。

我寧願以內在方式確認自己的價值，而我知道能做到這點的唯一方法，就是根據我最重視的東西來過我的生活。這些內在的價值觀對每個人而言都不一樣，它們也肯定會隨著我們生活的演變與成長而產生變化。

如果我們從內在衡量自己的價值，那麼外在力量就無法對我們產生影響。它可以完全超脫於我們在自由市場上賺多少錢，或我們的工作可以賺多少錢。對我而言，收入在我所重視的事情當中遠遠排在後位，因此金錢不能決定我的價值。如果金錢能決定我的價值，那麼我就得做更多的工作，好讓自己賺更多的錢，也因此覺得自己更有價值。

如果我專注於做那些與我的價值觀相符的工作，我會覺得我的工作很有意義。如果我寫的一本書只有兩個人買，但我的書對他們有非常大的幫助，那麼我仍然會覺得這個工作很值得。

選擇自己的路，有很大一部分是要弄清楚，哪些價值觀會決定你的價值。

一旦清楚這一點，就更容易確定，你正在做的工作是增加你的價值感，還是減少你的價值感。

宣傳 vs. 做事

如果你專注於更好的宣傳，而不是更好的工作成果，那麼不會有任何改變。

擁有一個部落格不是什麼事業，做自己也不是事業。這兩件事都很好，也對於建立品牌與尋找自己的聲音都很重要。但是，即使你的品牌與聲音都是必要且很棒的東西，它們也不會直接為你賺到錢。你與你的部落格不是一種商業模式，它們也不是從事實際、有形、有價值的工作的替代品。

人們經常會認為一個新的網站設計可以解決他們的銷售問題，所以跑來找我。我通常會拒絕這些專案，甚至可以這麼說，我對於為豬化妝不感興趣。除非一項產品或服務已經很有價值，否則裝扮它不會有任何的成效。如果你專注於更好的宣傳，而不是更好的工作成果，那麼不會有任何改變。

工作代表的是提供有價值的產品或服務——而這項工作必須激勵人們掏錢來買它。受到熱情驅使的一人創業家逐漸興起，這是好事，但是除非其他人也有足夠的熱情打開他們的錢包，否則僅憑熱情是無法賺錢的。

當然，你所做的事應該跟你的熱情與價值觀保持一致。但是，如果你想賺錢，它也必須對其他人有所幫助，而且為了賺錢，你必須非常善於做到這點。

如果人們不為你的工作買單，這就不是透過更多的社群媒體宣傳可以解決的問題——重點是要做更多努力來讓這項工作變得更好，或者尋找對他人有價值的其他工作。社群媒體只能放大已經存在的東西。

你不能「依據你的價值收費」，因為你的價值應該來自內部。如果你擁有很多錢，那麼身為人類的你並不會神奇的變得更有價值，就好比如果你破產了，你也不會比其他人更沒有價值。價值與金錢永遠不應該被綁在一起。

在你的部落格或社群媒體上分享你的熱情很好，這是個聰明的作法。我也在做相同的事，分享自己寫的東西。但是寫部落格和社群媒體，不會讓你的技能變得更好——**做好你的本職工作**才會讓你變得更好。你當然可以利用你的平台來測試一些點子。我一直都在這麼做。如果一條推文很受歡迎，我會把它寫成一篇部落格文章。如果那篇部落格文章很受歡迎，我會把它變成一本書裡的章節。這就是我的寫作方式——在我把我的想法當成產品銷售之前，先測試它們的價值。

宣傳不能用來取代提升你的技能。大多數人也不會因為宣傳而賺錢；他們是因為從事實際工作而賺到錢。

專注於工作

經營一人公司所需要做的事，就是藉由完成特別出色的工作或作品，來不斷的幫助人們。

選擇屬於**我的**冒險之旅，代表要創造出可以幫助他人的設計，還要盡可能常去挑戰我的創作極限。有數以千計的網頁設計師與網站公司，跟我做一樣的事情。

我不在乎自己是否能脫穎而出，我從來沒有在任何地方宣傳過我提供的網頁服務，沒有名片，也沒有打過推銷電話，因為我的工作太忙了。

我也要確保，我能做到我所答應的事——準時且在預算金額內完成。沒有例外。這就是從事偉大的工作的意思。獲得新客戶或新機會還不夠，你必須貫徹到底，執行這些工作。而且是每一次。

經營一人公司所需要做的事，就是藉由完成特別出色的工作或作品，來不斷的幫助人們。推特與臉書明天可能會停擺，但我並不擔心。

也就是說，我花了很多時間在寫作上，這是一種宣傳的形式。然而我這麼做並不是為了宣傳我的書或網頁服務，是因為我想幫助其他人，寫作是我所知道能夠大規模做到這點的最佳方法。

因此，我的寫作絕對是宣傳，但這是附帶效果，宣傳並不是我寫作的原因。我不認為我可以寫出好的銷售文案來拯救我的生活。但是，我確實想分享我所知道的事，而撰寫資訊型和意見型的文章與書籍，是實現這個目標的最佳途徑。

寫作也能讓我公開探索自己的想法。在我把一個想法寫下來之前，我通常不會知道這個想法是否正確。當我跟他人分享我的想法時，他們若不是認同我，就是斜眼看著我。如果是後者，我會重新思考這個想法，重新思考那個人是否是我的目標受眾，而有時候我會繼續前進。

「與眾不同」的公司

要真正成為「專家」，我們必須以我們的受眾能理解的方式去思考和說話。

我自己的公司一直不同於其他網頁設計師與機構，因為我關注的是客戶，而不是網頁設計行業。這是根本的差異，因為我從事的行業只關注自己內心的想法。

我毫不關心最新的技術趨勢討論，或當前行話的使用。扁平化設計（flat）vs. 擬真化設計（skeuomorphism）？Flash vs. HTML（顯得我很過時）？這些用詞只是很少考慮到終端受眾的話題。我甚至不在乎其他設計師是否知道我是誰。

反觀，我關注的是那些花錢請我做網頁設計師的人。我寫的是他們想知道的東西，我用他們的語言來談論我的服務，並透過幫助他們成功，來跟他們培養關係。

在我開始從事網頁設計時，這個行業充斥著行話與書呆子氣息的參考資料，需要成為一名設計師才能了解大部分的網頁設計網站。似乎沒有人關心他們所服務的受眾與客戶。我認為這是個可怕的想法，因此我朝另一個方向發展。

我努力確保我所撰寫或創作的所有內容，對於我所服務的受眾（主要是富有創造力的企業家）而言是有意義。要真正成為「專家」，我們必須以我們的受眾能理解的方式去思考和說話，因為在多數情況下，受眾不會是相同領域的專家。

當然，保有一些專業術語是好的，但是當行業專用的對話占據整個內容時，我們便不再服務於我們的受眾。與我合作過最成功的人，他們想交談的對象是對他們感興趣的消費者，而不是同業。

不斷提問，保持好奇心

寧願去做一些能反映自己真實樣貌的新事物，而不是去聽取「有效的建議」，以及模仿別人的成功經驗。

如果我聽從「專家」的建議，那麼我現在經營的可能是一家大型網頁設計公司，公司裡有員工、醫療保險計畫、投資者、人力資源顧問，或許為了「鼓舞士氣」，還有一些愚蠢該死的游泳池或手足球檯。辦公室的狗在網站上也會有一份他自己的簡歷。這不是一件壞事（除了撞球台），但這不是我想要的。我喜歡休假——有時候，一年當中休好幾個月；如果可以的話，我喜歡翹班去遠足；如果外面的天氣晴朗，有時候我寧願在森林裡玩，也不願坐在電腦前。

當然，我會完成我的工作，但是我是用自己的時間來完成。我寧願做這些工作，也不願管理別人。有些人是傑出的管理者，但我不是其中一個。

我沒有聽從專家的建議，而是保持好奇心。我會對每個人告訴我的每件事提出質疑。我總會覺得，我寧願去做一些能反映自己真實樣貌的新事物，而不是去聽取「有效的建議」，以及模仿別人的成功經驗。

你應該盡可能多抱持著初學者的心態，保持你的好奇心。如果你以前從沒見過或想過某件事，你會怎麼做呢？初學者的心態是，承認你並非知道所有的事，因此你還有很多東西需要學習。這種態度可以讓你去質疑那些即使已經存在很久的想法，以確保你的工作與你的價值觀相符。它也能讓你比那些憤世嫉俗或無聊的人更富有創新精神。想解決所有問題的慾望，會提高你的創造力。這種欲望是好事。

只有你自己知道，什麼是符合你的價值觀的事物，什麼是最適合你的生活的事物。對別人而言會成功的事，也許會讓你澈底失敗。所以，為什麼不依照自己的方式來做事，走屬於自己的路呢？嘗試也許會導致失敗，但你應該依據自己的條件與價值觀去做。

確信這是自己的路

這場冒險肯定會以走錯路（挑戰失敗或遇見龍）收場，但至少這是我的冒險，而我可以隨時糾正它。

你該如何辨認出屬於你的路，該如何知道你何時正走在這條路上呢？你不會知道的。不過，也並非完全如此。有時你需要等到很久以後，才能清楚的看到它。

當我在從事重要的工作時，我覺得自己正走在自己的路上——對我而言重要的事情，對其他人而言可能不重要。但是，當我在做一些有價值的事情，且對此感到滿意時，我可以非常肯定的說，我正走在最佳的道路上，選擇屬於我自己的冒險。這場冒險肯定會以走錯路（挑戰失敗或遇見龍）收場，但至少這是我的冒險，而我可以隨時糾正它。

當我走在別人的路上時，那種感覺就好像是，我只是藉由做那些對別人而不是對自己更有意義的工作，來試圖讓別人開心。有時候這沒什麼關係，因為我們都要支付開銷，也需要維持生活，但從長期來看，我卻看不到任何真實的喜悅或成就感。

我們都想做重要的工作。堅持你的價值觀，遵循你真正的直覺走，實踐會變成每一天的主張。

跟大家一樣就好

如果，我們不讓自己的奇怪顯露出來，我們就不能讓我們的工作或作品變得格外出眾。

你很奇怪。我也是。因為我們本來就與眾不同的。奇怪，其實就是做真實、獨一無二的自己。

我說「奇怪」是指獨一無二或與眾不同，因為沒有人會完全跟其他人一樣。因此，做真實的自己，即便我們並不奇怪，有時候也會讓我們看起來很奇怪。當我們越是去嘗試適應或融入環境，我們就會變得越不真實。因此，奇怪不是代表紫色頭髮或小丑般的鼻子，它代表的是做真實的自己。它可能甚至不會被注意到。

在學校或企業的工作中，我們被教導與眾不同是不好的。為了成為社會上有生產力、有用的成員，我們必須適應社會，且變得更像世界上的其他人。永遠保持專業，不要太引人注目。

不過，問題就在這裡。其他人也是奇怪的，即使他們假裝自己不怪。

在工作中，我們試圖用專業程度（我討厭這個詞）來掩蓋我們的奇怪。我們可以穿著西裝或灰色裙子，然後使用最新的行銷術語。「綜效！」（synergy）「病毒式！」（viral）「轉換！」（conversion）。注意不要說髒話，不要太興奮或太熱情，也絕對不要讓自己的個性表現出來。

然而，我們不讓自己的奇怪顯露出來，我們就不能讓我們的工作或作品變得格外出眾。

瑜伽老師工廠

我們都喜歡普通人，因為在所有專業的背後，我們也都是普通人。

好多瑜伽老師都讓人覺得他們可以互相取代，一點差異性也沒有。他們都使用同樣溫柔的聲音（男女都是），以及同樣老調重彈的寓言故事（雖然有成千上萬個傳統瑜伽故事可供選擇），說著同樣的話。就好像是有一間工廠，專門生產一模一樣的瑜伽老師機器人，而他們都穿著一樣的緊身褲。

我之所以被凱琳（Caren）吸引，就是因為她跟別人不一樣。事實上，甚至早在她為了建立新網站而聯繫我之前，我就想跟她合作了。你沒辦法用另一位瑜伽老師來代替她。因為首先，她會在她所有的線上教學當中，跟她的狗薇羅一起做每一個姿勢。真的，每一個姿勢。其次，她會公開談論自己對抗憂鬱症的事情。雖然該死的事實是，所有瑜伽老師都理應正向思考且完美的（無論身體上與精神上），但凱琳卻說出她的真實故事。

她對憂鬱症的坦率態度有可能會讓人反感。至少，如果我們是她，我們會害怕別人對我們反感。但是我敢肯定，她不會讓任何人感到討厭。事實正好相反，因為她的誠實，真實的展現出她人性的一面。她之所以能在競爭激烈的行業中脫穎而出，是因為她做真實、有缺陷的自己。凱琳的「奇怪」（根據瑜伽老師的標準）使她成為一個普通人。而我們都喜歡普通人，因為在所有專業的背後，我們也都是普通人。

你與你欣賞的人之間的差異

成為一個與備受矚目的領導者完全相同的人，不能保證我們所有人都能成功。那麼，為什麼不完完全全像自己就好了呢？

一開始，你可能會擔心自己不會成功。一旦你獲得一些成就，你可能會擔心你無法再獲得更多成就；一旦你獲得大量的成就，你可能會擔心如果你有任何改變或說錯話，會讓你現有的廣大受眾失望。在任何階段，都會有害怕的事。

有趣的是，我們經常想模仿別人的成功，而不是模仿或許他們是因為做自己才取得成功的事實。他們的獨特性，讓他們被認為是富有遠見的人，或是散發領袖氣質的人——彷彿只是巧妙的行銷策略，讓他們**成為他們的樣子**（想想理查・布蘭森[2]的例子）。

但是當我們剛起步時，我們會覺得做真實的自己，可能會讓別人反感。不知道為什麼，如果把我前述的邏輯應用在我們身上，似乎不成立。

人們之所以被領導者吸引，是因為這些領導者忠於真實的自己，也忠於他們的價值觀。他們的獨特之處是有魅力的。

成為一個與備受矚目的領導者完全相同的人，不能保證我們所有人都能成功。那麼，為什麼不完完全全像自己就好了呢？讓你的奇怪成為你工作的與眾不同之處。也許做自己會很討人喜歡，也會很有吸引力。

所以，讓我們一起變奇怪吧。還有，我不住在波特蘭（Portland）。

2 譯註：Richard Branson，維京集團創辦人兼總裁。

專業的髒話

如果我淡化自己或刪改自己，我就不會對自己或他人誠實了。

我會說髒話。在家裡、在會議上，以及在我的寫作中。我並不是所有時間都會說髒話，甚至不是那麼頻繁，但足以讓有些人難以置信的注意到。偶爾我也會因此被點名。

所以，為什麼我要在商業場合與出版品的內容中說髒話呢？這樣不是會讓我看起來很糟？看起來沒創意？看起來愛挑釁？看起來不專業嗎？

通常，我說髒話是為了提出一個強烈的觀點或訴求，或者是要提醒別人注意那些我認為重要、或令人不安、或令人興奮的事情。講粗話可以讓人們傾聽、注意，以及感受到情緒（包含正面或負面）。

不過，我不是單純為了表達觀點而說髒話。我說髒話，是因為我會說髒話。那就是我，一直都是。無論如何，我就是我的品牌，而我的品牌通常會鼓吹人們做自己。我一直都是一個小小麻煩製造者，我覺得這沒什麼大不了。我製造麻煩不是為了讓人不悅，而是為了讓人們去質疑他們原本認為理所當然的事情。

我也不相信專業精神或商業化，因為即使是善意的，這些東西也是虛假的。為了讓自己看起來更好（或甚至只是為了看起來得體），而假裝跟自己本性不同的個性，這會讓我很不舒服。顯然，你需要做出判斷，譬如你應該避免在有兒童的場合突然說髒話，但你完全有能力做出這些判斷。

如果我們在任何情況下，在彼此面前都表現得像真正、真實、有缺陷的人一樣呢？聽起來很棒。如果我淡化自己或刪改自己，我就不會對自己或他人誠實了。

不過，我從不在提起別人的時候罵髒話——無論是說他們壞話，或是讓他們看起來很糟。對我來說，那樣做很讓人討厭，也很沒禮貌。雖然我不重視專業精神，但我當然會尊重他人——尤其是在網路上，因為在網路上很容易讓人口無遮攔，或對他人產生負面看法。

曾經有人問我，我是否會在跟汽車公司的高階主管開會時罵髒話。這是個隨口一問的場景，但非常湊巧，在我早期的職業生涯中，我實際遇過幾次這樣的情況。我告訴他，我的講話方式跟往常一樣，當中可能夾雜著幾句咒罵的話。而兩次我都得到了工作。

在任何情況下，無論是在大公司的會議上，還是在咖啡店跟同為獨立企業家的人聚會，我都會表現出我的個性（雖然有缺點）。尤其是在商業場合中，我希望對方能認識真正的我，這樣我們就可以知道，我們是否能合作愉快。我是人，他們也是人，所以不需要假裝。

許多人可能會認為，這種態度可能會威脅到我的生意，或者降低我的可信度，但至少在我看來，事實並非如此。多年來，我都被預約得很滿，而且我很幸運，能夠挑選我的客戶與合作對象。我相信有部分原因就是因為，我很坦率的做真正的自己。我的髒話不等於我的工作能力或職業道德，就像是我身上有刺青並不能代表我是罪犯——它們只是反映出我的個性，和我與生俱來的古怪。

如果人們覺得我說髒話很無禮或討厭，我完全可以理解，因為他們有權利發表意見。但是，不管你喜歡我還是不喜歡我，我對於我是誰、我給人什麼樣的印象，都感到很自在。我的價值來自內在。我知道並不是所有人都會喜歡我，但我對這點感到非常滿意。

學習 vs. 學校

最好的學習方式就是，你可以學到最好的任何一種方式。

就像講髒話是我的一部分一樣，我其實是邊做邊學的，而不是被教導如何去做的。或許你是用不同的方式去學習，那也很好。最好的學習方式就是，你可以學到最好的任何一種方式——如果是學校，那就去學校；如果是生活，那就走出去，盡你所能的去體驗一切。

我高中時的成績不錯，所以我身邊的大人都說我必須上大學。我選擇了一個困難的課程，並且提早獲得錄取。一年後，我意識到我這麼做不是為了自己，而是為了別人。我之所以上大學，是因為我**理應**在那裡——成為社會上那個根據他的薪水來衡量自身價值的專業人士。

於是我休學了。

在學期間，我已經開始製作一些網站，純屬娛樂，那時是網路正要開始成為主流的時候。當時我特別建立了一個網站，我稱它為「偽辭典」（pseudodictionary），它非常受歡迎，甚至出現在《連線》（*Wired*）雜誌的報導中。這個業餘計畫讓我得到我的第一份網頁設計工作。

但從一開始，我就討厭這份工作。

我根本就不想為別人工作，也不想遵從一家被他人價值觀所引導的公司。但是我對於經營企業根本一竅不通。

因此，我利用這段時間來幫助公司成長——最後成為創意總監——同時也學習我經營企業所需的一切：合約、跟客戶打交道、制定時程與預算等事情。

雖然有一天我會離開這間公司，但我依然努力提升自己的技能，同時也努力培養經營企業的技能。幾年後，當我辭職時，我已經比剛離開學校的時候，擁有更好的創業條件了。而且有客戶跟著我。

當我開始為自己工作時，我吸取了很多教訓，我藉由學習別人如何執行，來最小化這些錯誤。在學校裡，我不可能學到這些事情。我必須親身經歷才能學到。

一百萬美元

如果我沒辦法藉由獲取更多錢來獲得更多的成就感，那麼金錢對我來說，就不是一個有效的目標。

在我年輕的時候（大約是閱讀那些《多重結局冒險故事》的時候），我希望在我創立自己公司時，能夠每年賺進一百萬美元。這是我的目標。如果我能達到這個標準，就代表我成功了。我的價值會非常高。

因此，我開始專注於這個財務目標。它引導我做每個決定，也引導我走上特定的路。我幾乎接下每一項專案，每週工作八十個小時以上，沒有時間做太多其他的事。一年一百萬美元的目標，就像懸掛在我面前的胡蘿蔔一樣。

在我意識到錢對我來說是個可怕的目標之前，胡蘿蔔始終存在——不是因為我討厭錢（我不討厭），而是因為我的目標與我的價值觀無關。一百萬美元只是我認為我**應該**達成的某個目標。這是別人設定的路，其實我不喜歡這條路。當我意識到這是我自己的公司，而且我本來就該專注於我想做的事情上，我便覺得輕鬆自在許多。

當時，我主要的工作是為職業運動員們打造網頁。我會親自跟他們見面，並且買票到北美各地看比賽。對於職業體育迷來說，這是一份很棒的工作。但唯一的問題是，我對職業運動不感興趣。我沒有在看比賽，沒有在關注球員，也不了解許多運動員的知名度。設計體育網站絕對不是我為自己選擇的路，也不是符合我價值觀的路——甚至也不是對任何事情都有用處的路（除了賺錢以外）。

我意識到，如果我沒辦法藉由獲取更多錢來獲得更多的成就感，那麼金錢對我來說，就不是一個有效的目標。賺很多錢並沒有讓我感覺更棒。事實上，我反而覺得更糟，因為我的工作時間太長，不能過我想要的生活。

我在從事的是我不關心的專案（因為它們的報酬很高），而不是分享非常好的工作。我不覺得我能為自己所做的事，以及我向世界展示的東西，真心感到驕傲。

設計網站只是為了更多的收入，這件事讓我意識到，關心自己所做的工作是極其重要的事。當你專注於你喜愛的工作時，有趣的事情就會發生——很快的就會開始出現更多你喜愛的工作。物以類聚。而享受工作與獲得報酬之間的交會處，就是最佳甜蜜點。

但是，金錢並不邪惡

你可以透過有多少人願意付錢給你，來衡量人們對你的工作有多重視，衡量出其他人對你企業的重視程度。

有人告訴我，為了做真正重要的工作，你必須跟金錢保持距離。把藝術跟金錢混在一起，顯然是災難的根源。這聽起來很天真，好像金錢本身就是不好的。但是，如果你能賺更多錢，就能在這個世界上做更多好事呢？

金錢可以是推動者，肯定也是放大器。如果你關注的是自己，那麼金錢會讓你更加自戀。如果你關注的是別人，那麼金錢能讓你幫助更多有需要的人（想一想比爾．蓋茲〔Bill Gates〕與他的基金會）。

金錢很重要。你可以透過有多少人願意付錢給你，來衡量人們對你的工作有多重視。聽起來很愚蠢，但這是其中一種最好的方法，可以衡量出其他人對你企業的重視程度。毫無疑問，這種價值跟你自己本身的價值、目標或個人價值觀無關。但是，必須藉由金錢的易手，其他人才會像付錢給你的時候一樣，重視你所建立的企業。

人們可以把你當作一個人來評價，甚至可以在沒有財務交易的情況下，把你當作業餘愛好來評價，但是如果你做的工作是一項生意，那麼金錢就需要易手（從他們手上轉到你手上）。

工作vs.興趣

我相信應該盡可能以精簡的財務起步，並且維持財務上的精簡，同時只有在銷售量成長時公司才跟著成長。

不能因為賺錢不是我的主要目標，且賺錢對我來說不是很有意義的事，就代表我看不到它有很多的好處。自從我創立一人公司以來，我一直在努力賺錢。一開始我不想投入太多資金，因此我盡可能從節儉開始（在我父母的地下室開始做起，這是書呆子的老套作法）。

如果我花的錢比賺的錢多，我會迅速重新評估自己的工作。我從來不接受網際網路繁榮期的哲學，即「用錢賺錢」。相反的，我相信應該盡可能以精簡的財務起步，並且維持財務上的精簡，同時只有在銷售量成長時公司才跟著成長。

我所做的就是一份工作，即使這份工作是為自己而做。如果說製作網站是一種興趣，那我會用空閒時間來製作，即使我看到我花的時間只換來一分錢，我也不會擔心。工作會賺錢，而興趣會燒錢。我有很多興趣，我認為它們很重要，可以讓我的大腦保持活力，但是沒有人可以只靠興趣過生活——除非你的興趣是玩《龍與地下城》（*Dungeons and Dragons*）這款遊戲，在這種情況下，你沒辦法只靠這個興趣過生活，但你肯定會一個人過生活……

何時才足夠？

如果我們改成思考該達到的上限，會如何呢？我們真的需要更多的錢嗎？上限需要高到天空，還是只要能過簡單生活就足夠了呢？

這是我對金錢的看法：**我有足夠的錢嗎**？對於企業主來說，這是一個奇怪的問題，但這個問題從根本上改變了我對待我的職業、我的工作，以及我的生活的方式。

我從一位朋友身上得到這個問題，他是加拿大艾伯塔省（Alberta）一間大公司的契約型會計師。雖然從本質上來說他是為自己工作，但他是一個很注重金錢與數字的人，且專注於實際的細節。

有一天我們在衝浪時，他提出為這一年賺足夠的錢的看法。他解釋，他會盡其所能的接下所有專案，直到他賺的錢足以支付當年的基本生活開銷，也足以讓他存到退休金。

一旦他達到目標，他就不會再接任何工作，而是去沖浪、爬山，以及探險。當他達到「足夠」的金額時，他會關掉電腦離開一段時間——有時候，一次會離開五個月到六個月。

這種作法立刻吸引了我，因為我從來沒有聽過，有人會說他們已經賺到足夠的錢。大多數的企業都專注於不斷成長。我們總是被「更多的」金錢所吸引，我們不太會去提出其他的問題。我們也往往關注於金錢的下限：是否有足夠的錢可以支付租金，並且養活我自己和我的家人呢？但是，如果我們改成思考該達到的上限，會如何呢？我們真的需要更多的錢嗎？上限需要高到天空，還是只要能過簡單生活就足夠了呢？

幾年前，我就確定了我的最高目標。一旦我達到這個目標，我就可以有一段時間不需要工作，然後專注於寫作、音樂，或任何我喜歡的事情上。我的生活過得非常節儉（如果我夠酷的話，我會稱自己為極簡主義者，但是我其實只是個吝嗇的可憐蟲），而且因為我的工作是在虛擬世界的，可以透過網路進行，所以我不會有太多的管理費用或營業支出。另外，我也還有一個自動儲蓄帳戶，可以把錢存起來備用。

在我了解什麼是足夠以後，我每年平均可以跟我的妻子一起去旅行二到三個月。這也是我可以抽出大量的時間，去探索新想法與實驗的原因。我的朋友跟我都不是那種達到目標以後，就會坐在沙發上看肥皂劇的人。相反的，這讓我們有更多的時間去追求興趣、副業，以及其他愛好。而且有時候，這些副業會變成額外的收入來源（不要臉的宣傳——這可能是我下一本書的主題）。

「足夠」這個目標能創造自由。一旦達成它，我們兩個人都能擁有自由，可以去選擇新的探險活動，去探索新鮮的想法和地方。

沒有目標

沒有目標，並不等同於沒有熱情與動力。在我缺乏目標的地方，我會堅守自己的價值觀，讓它們指引我的公司。

當我放棄我的一百萬美元目標後，我發現我沒有一個能接替的策略。事實上，我甚至不知道真正的商業計畫需要做些什麼。現在我依然不知道

一開始，我認為我可以找到更好的目標，來解決我突然失去方向的問題。然而，不管我怎麼努力，我都想不出任何有意義的事。我需要一百名員工嗎？當然不需要。我一點也不想管理別人。我需要投資者與成長嗎？不，因為那樣會讓我覺得，我好像在為別人工作。我想在設計業成名嗎？不，我只想做好我

的工作，然後跟每個有興趣的人（無論他們是不是設計師）分享。

所以，我決定不設定任何目標。一個也沒有。那時沒有，現在也沒有。我依然盡可能避免設定目標，就像我拒絕擁有一套西裝與領帶一樣。

這看起來完全就是一種懶散的心態，但是，沒有目標，並不等同於沒有熱情與動力。在我缺乏目標的地方，我會堅守自己的價值觀，讓它們指引我的公司──我也會努力堅持我的價值觀。

我認為目標是有約束力、有限制性的。它們會用單一的重點，把你帶領到單一的方向。你必須選擇A路線，而不是B路線，因為A路線會以更短的距離，帶領你到達目標。一旦你瞄準一項目標，就沒有太多選擇的餘地。這就是為什麼當我想要每年賺一百萬美元時，我接下每一個到我面前的專案。

現在，我讓我的價值觀引導我，因為它們能提供更自由的選擇。如果我重視的是做好事與幫助他人，那麼有上百萬種方式可以做到。我可以選擇一條我想走的路，並且忠於這些價值觀。它們雖然很模糊，無法施加限制，但它們也夠清晰，足以指引我走到正確的方向。

讓價值觀來指引我的工作，是自由的。這表示如果有機會，我可以每次都選擇自由，而不是選擇金錢。顯然，情況並非總是如此，因為我們不是生活在完美的世界，沒有小精靈會幫我們完成所有苦差事（還為我們烤餅乾）。這就是為什麼工作被稱為「工作」，而不是被稱為「超級開心的娛樂時光」。我們有帳單要付，客戶可能會有壓力，而且有時候如果我們忽略了大局，小任務就會顯得毫無意義。但是只要我們的價值觀能處於主導地位，那就沒問題了。

在價值觀的領導下，也可以讓我去嘗試或失敗，而免於受到懲罰。如果我試圖達成一項目標，但卻沒達成，那就表示我失敗了。但如果我忠於自己的價值觀，然後失敗了，那麼我依然堅持自己的信念。我只需要嘗試其他事物，嘗試不同的方法，或者過一段時間再試一次。無論是哪種方式，我都不曾違背過我的價值觀；我只需要改變一些事情，選擇一條不同的道路，不然我將會陷入無止境的循環中，不斷的失敗，而且殺不死那條龍。

停下腳步再開始

有意義的工作就像是藥品——而且它跟許多藥品一樣，你最後會對它們的效果產生免疫，因此需要增加劑量，才能有相同的感覺。

有時候你必須從一個情境中走出來，才能真正的解決問題。當你抽離自己，然後從另一個角度去審視時，就能獲得更好的視角。

我可以在幾個月、幾年、甚至幾十年的時間裡，一直在自己的公司做同樣的事情。它可以賺錢，而且我很喜歡。但是這種埋頭苦幹的方法永遠不會奏效，因為這麼一來我沒有任何時間可以檢查，看看我的路是否符合我的原則。挑戰自我與克服我的恐懼，是我的兩個核心價值觀，所以如果我不斷為客戶建立網站，那麼我的核心價值觀就不會實現。如果我不嘗試新事物與新方向，我就會覺得自己停滯不前。

最近，面對這種情形時，我意識到我必須離開一段時間。**我需要暫時忘記我的工作**，這樣我才能以全新的視角來審視它。

我很害怕按下暫停按鈕，因為嚴格來說沒有任何問題，主要是因為改變很可怕。如果我做出改變，最後卻沒任何客戶怎麼辦？如果我因為試驗了無效的想法，而毀掉一個非常成功的事業，那該怎麼辦？

暫時離開可以強迫我去思考，我的事業具有什麼意義，我該如何更適當的幫助客戶。

避開沒有解決方案的問題，暫時歇口氣之後，有趣的事情發生了：答案很快、很清楚的浮現出來。我重建自己的作法與流程，以便更適合自己運作，也更適當的為我的客戶提供服務。

有意義的工作就像是藥品——而且它跟許多藥品一樣，你最後會對它們的效果產生免疫，因此需要增加劑量，才能有相同的感覺。我需要增加有意義的工作的劑量。

有時候，為了忠於你自己與你的價值觀，你需要透過改變來創新。有時候，這表示你需要停下來，然後抽身出來一段時間。

馬上開始

一開始先做出較小的決定，然後朝著感覺正確的方向前進。

選擇一條路，意思就是採取行動。選擇，就是一條起跑線，所以做出決定後就開始跑吧——接著確保你能完成，因為沒有結束的開始，跟不做選擇是一樣的。最後你需要透過公諸於眾，來確認你的開始與完成是否真的有效。這麼做也許會讓人害怕，但是你必須翻過這一頁，然後繼續前進。

人很容易陷入所有不想開始的理由。不要冒險做你想做的工作，這會讓人覺得很安全。當水可能很冷，而你也可以選擇待在岸上時，為什麼要去試水溫呢？

但如果你找到核心問題，那麼大部分拖延的理由都是站不住腳的：沒有時間、沒有金錢、沒有受眾。這些全都是未來要考慮的問題，這些問題會讓任何一件事都很難開始。可是，你應該以後再擔心這些事，或者根本不必擔心這些事情。一開始先做出較小的決定，然後朝著感覺正確的方向前進。

如果你不動，那就沒有路可走。這只是路上的一個地點。風景也許很漂亮，但是停滯不前是不可能改變世界的（或買一艘遊艇）。想知道你所做的事是否有抓客力（traction），唯一的方法就是去做，然後把它展示給大家看。

顯然，有時候我們需要離開一下或休息一下，或者甚至做出一些改變。這我都親身經歷過。但是，需要改變不應該成為永遠不開始的藉口。如果你嘗試某件事情，然後需要休息一下，那是一回事。但如果你想開始某件事，卻不去嘗試，那完全又是另一個問題。

現在就開始吧。別找藉口。

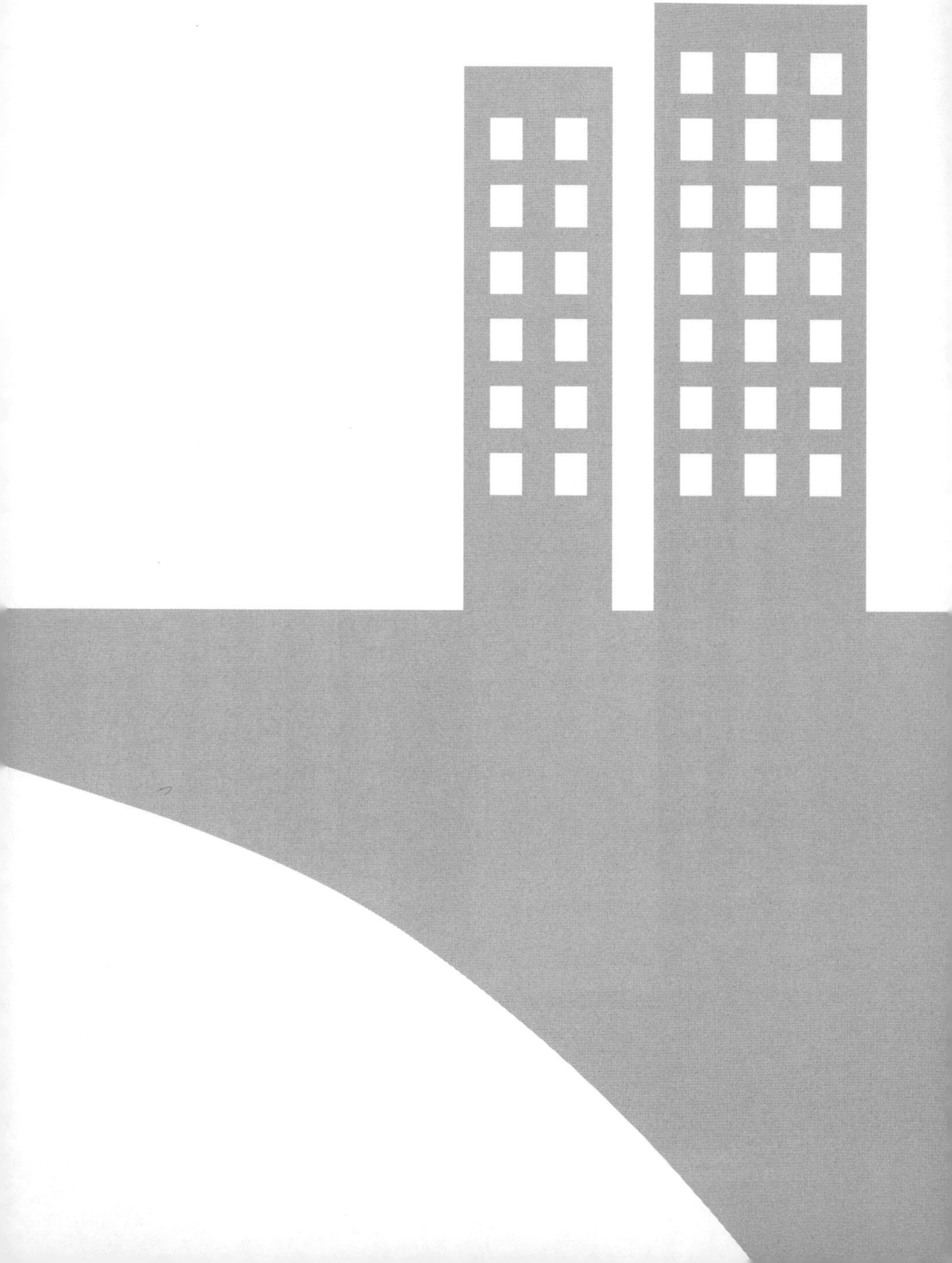

第2部

克服冒險旅途上的障礙

「在通往真理的路上，一個人只可能犯兩種錯誤；一種是半途而廢，另一種是從未開始。」

——釋迦牟尼（Gautama Buddha）

未來不等於現在

最重要的問題是「我該從哪裡開始？」——就先問自己這個問題吧，接著再處理在此過程中你將會遇到的一些最棘手的問題。

走屬於你自己的路，走一條從沒有人走過的路，會進入很可怕的領域。只有保持好奇心與做自己是不夠的，你必須實際從事實質的工作才行。當人們面對「我下一步該怎麼做？」「如果發生某種情況該怎麼辦？」這類問題時，很容易會犯錯或不知所措，然而，最重要的問題是「我該從哪裡開始？」——就先問自己這個問題吧，接著再處理在此過程中你將會遇到的一些最棘手的問題。

有時候，我們甚至還沒開始就先想得太遠了。我們開始思考下一步，思考未來五年，思考假如這樣會怎麼樣，或者思考有沒有可能在未來的某一天全面失敗。

我們把焦點放在未來，但未來還沒發生，我們沒辦法預測。它轉移了我們對當前的注意力，以及我們實際開始做一些事情的注意力。我們沒有把注意力放在我們的工作上，而是關注於工作能帶來什麼。

這是目標可能變成障礙的另一個原因。目標代表將來會發生的某件事。它把我們帶離現在，甚至阻礙我們進行工作，因為我們會去想，如果失敗了該怎麼辦？為什麼還要去嘗試呢？為什麼要把我們的工作展示在眾人面前呢？如果沒人喜歡該怎麼辦呢？

你**應該把焦點放在當前所需的努力**。這代表不要每隔五分鐘就查看一次推特或電子郵件，也不要幻想著被每個大型播客（podcast）節目採訪。這代表馬上就去做需要做的事情——依然不能保證會成功，但是，如果你不去做，那就什麼也不會改變，所以為什麼不至少嘗試一下呢？

無論好壞，你都沒有權利知道結果；你只有權利做不做這項工作。

我們的自我意識讓我們很難不去想任何潛在結果，但是不去預想未來是很重要的。權利是醜陋的，也會讓人們很快便失去興趣。你努力的結果——名聲、金錢、權力等等——可能會出現，也可能不會出現。就算是只花一秒鐘的時間去思考明天，也會讓你停止思考你今天應該做的工作。那些預想的結果可能不會發生。但是，如果你所做的事情跟你的價值觀相符，那麼結果是什麼也就不重要了。你只要全力以赴就夠了。此外，如果只靠勞力還不夠，也許你需要改變你正在做的事。

把你的時間花在擔心現在的事情上，而不是擔心未來的事情上。無論結果是你無法預測或是你無法設定的，這是確保你可以完成有意義的工作的唯一方法。

沒有時間

追求有意義的工作，並不是要像施魔法般在一天當中擠出額外的時間，而是應該為我們所擁有的時間安排優先順序。

認為自己沒時間，是我們最大的藉口之一。如果你有一份全職工作，有孩子，而且還做很多事，那你怎麼擠出時間寫書、創立你自己的公司、畫一幅傑作，或做其他事呢？

我們都很忙。我們花很多時間工作，甚至覺得沒有足夠的時間好好的睡覺。但是，追求有意義的工作，並不是要像施魔法般在一天當中擠出額外的時間，而是應該為我們所擁有的時間安排優先順序。

如果你不讀書，而是寫作呢？如果你不看電視，而是製作影片呢？如果你不聽音樂，而是學吉他呢？

要成就偉大的事，就需要一些犧牲。為了改變你的思維並實驗各種點子，你必須選擇一條新的路。你必須把你的模式從消費轉變成創造。然後，你就能擁有無限的可能性。

一旦你選擇一條通往創造力的路，排定優先順序就會變得更容易。當你有重要的工作要做時，為什麼還要看電視呢？當你需要發想很棒的點子時，為什麼要把時間花在不能帶來任何改變的社群媒體上呢？

如果你腦中有某些創意或創新的事物需要釋放出來，那就現在開始去做吧。

工作是犧牲

每件事都要付出代價，所有的好工作都需要做出一些犧牲。

在beyond tellerrand 2013網頁設計大會的一場演講中，平面設計師詹姆斯・維克特（James Victore）說，他因為沒付房租，把房租拿去印製海報和懸掛海報，為哥倫布紀念日（Columbus Day）提供不同的海報，所以差點被房東趕出去。每件事都要付出代價，所有的好工作都需要做出一些犧牲。他之所以願意犧牲他的房租，是因為他的作品能傳達他忍不住想分享的訊息。

詹姆斯為了能夠自由表達他的藝術而付出代價。他的作品現在在紐約現代藝術博物館（MoMA）中——他的租金問題可能也比較小了。

他在面對一群年輕設計師的演講中，解釋為什麼他會不惜投入一切，也要去創造有意義的作品。一個坐在後排的人（永遠是坐在後排的人）問他，為什麼他不重視生活的必需品。詹姆斯回答說他當然重視，但他不希望將來他的墓碑上寫著：「詹姆斯長眠於此。他有付他的房租。」

每當你執行一項任務，就等於是你選擇不做其他事情。如果你真的重視你所做的工作，那就選擇去做。你沒辦法在做每件事情的同時，還能保持整體生活的平衡。大多數的藝術家與創作者只知道「平衡」這個詞是一個概念。選擇從事你認為有價值的事情，就代表著不選擇其他事情。這沒什麼不好。

為了成就偉大、有意義的工作，你願意犧牲什麼呢？不一定要是你的房租，但是我們都很忙、很累、壓力很大，也同時被拉往幾個不同的方向。你能夠不受到影響，為了成就某件偉大的事而創造出空間嗎？

有錢才開始

如果你認為你的想法太大，沒有獲得資金或沒有全職投入就沒辦法開始，那就表示你想得太遠了。你應該把你的想法縮小到它的核心，然後馬上開始。

金錢往往是阻礙我們起步、或阻礙我們從事自己想做的工作的另一個因素。我們會認為：「如果我有足夠的錢，那麼我就可以開始從事我一直夢想的事業。」

你可以沒有錢就開始。把你的創業想法縮小到它的本質，把它視為原型（prototype）。你所做的工作是什麼？在我還不知道它具體是什麼的情況下，我會猜想它可以**幫助其他人解決問題**。如果你想成為一名網頁設計師，那麼你應該透過為人們建立網站來幫助他們。如果你想擁有一家汽車經銷商，那麼你應該幫助人們找到他們想要的汽車。

做幫助別人的工作，不表示要免費提供網站或是汽車，但可能表示你要提供其中某方面的建議（或者兩者兼具，如果是汽車經銷商的網站）。盡可能免費的幫助人們，且不抱有得到任何回報的期望。誠實的告訴他們，為什麼某一輛汽車比其他汽車更適合他們，或者為什麼某一個網站的想法比另一個網站更好。這不是慈善工作，這只是稍微重新界定工作的一種方法。

如果你有一個能夠鼓勵或娛樂人們的消息或故事，請說出來吧。你不需要書籍合約或電影合約；你只需建立一個免費的部落格，然後述說你的故事即可。至於出售它的事情，以後再去想。沒有任何創作者，會因為講太多他們的故事，或免費提供別人太多故事，而受到懲罰。

如果你認為你的想法太大，沒有獲得資金或沒有全職投入就沒辦法開始，那就表示你想得太遠了。你應該把你的想法縮小到它的核心，然後馬上開始。

一開始的想法與工作可以很小，它們不必發展成為成熟的企業。如果有必要的話，請你還在其他地方從事全職工作時就開始。你有多少時間，就盡可能用多少時間開始。但，重點是「開始」。

副業就是實驗

漸進式的開始，讓我很輕鬆的過渡到更多的寫作；因為漸進式的寫作，讓副業轉變成更大量的工作。

奈森．貝瑞（Nathan Barry）在他的妻子剛生完小孩之後，透過開發與銷售他的第一個 iPhone App 來自學寫程式，而當時他還有一份全職工作。

他後來寫下關於開發這款 App 的書，這本書在上市當天就賣超過一萬兩千美元。奈森還開發了一款連接電子郵件與網頁以收集訂閱者的 App，也寫了更多的書，並開發更多的 iPhone App。奈森一直到他從這些副業建立起幾項收入來源，他才辭掉他的正職。他在幾乎沒有錢的情況下，就開始從事這些所有的副業，同時還要撫養一個新的家庭。現在，他已經把這些所有的「實驗」，擴展成全職事業。

我也幾乎在沒有錢的情況下，創作了我的第一本書。我以物易物、從事交易，以及借用了幾乎所有我需要的東西。為了避免庫存過多，也確保我不會欠債或從現有的企業中借錢來出版，我只把這本書製作成電子版。當我用第一本書賺到一些錢，我就用那些錢來寫書，並支付服務費用以製作另一本書。接著，我用第二本書賺來的錢，再創作另一本更大本的書。

如果我專注於我希望我寫的書能達到什麼目的，或者我夢想著我寫的書是什麼樣子，那我可能會放棄從事網頁設計，專心的全職從事寫作（可能在樹林中的某個小屋裡）。我可能已經印製了成千上萬本書，擺在我的辦公室裡。它們可能已經賣出去，或者可能還沒賣出去，但這不是重點。

漸進式的開始，讓我很輕鬆的過渡到更多的寫作；因為漸進式的寫作，讓副業轉變成更大量的工作。

木製拼圖

我所要做的事，就是不斷的實驗不同的可能性——在冒險之旅中做出選擇，並且往前進。

有一年夏天，我去一間咖啡店（實際上是一間簡陋的小屋），它位在一個有四棟建築物的小鎮上。當老闆在煮我的咖啡時，我注意到一堆木製的拼圖，就是那種你必須把每片拼圖拼在一起，它們才能放回盒子裡的拼圖——很像3D俄羅斯方塊。如果拼錯，拼圖就沒辦法合在一起，盒子也會關不起來。

我馬上開始努力的完成這個拼圖，設法把兩塊拼圖拼在一起。接著加入另一塊，再加入另一塊，直到我幾乎拼出適合裝進原本盒子的東西。但可惜沒有完成。還差一點點。於是我不得不再試一次，直到能裝進盒子為止。

如果我只嘗試過一次，那麼我會失敗，也會停留在拼圖的失敗。如果我嘗試了前兩次或前三次，我依然會失敗。

只因為我嘗試過也失敗過（直到我沒有失敗），我才能成功的把一片一片的拼圖拼回盒子裡。在它拼好之前，它根本不可能裝得回去。我所要做的事，就是不斷實驗不同的可能性——在冒險之旅中做出選擇，並且往前邁進。

怕得要死

我們覺得不去嘗試就是安全的，但不去嘗試保證是你會失敗的唯一方式。

我們對失敗的恐懼，常會阻止我們去嘗試一些事物。我們覺得不去嘗試就是安全的，但不去嘗試保證是你會失敗的唯一方式。不要因為不去嘗試，而提前宣告失敗。

像木製拼圖一樣不重要的東西，很少有人會害怕去嘗試。輸贏的賭注很低，所以無論是贏或輸都不重要。但是，一旦提到我們的藝術、構想以及我們的工作，所涉及的輸贏會更多，因此有時候我們會害怕嘗試。

但是，如果在這項工作上，我們最害怕的事成真了，那會怎麼樣嗎？

我們會死嗎？

我們會沒辦法再嘗試其他事嗎？

我們會無法重新開始嗎？

在大多數情況下，我們的恐懼可以歸結於別人對我們的評價。這是一種合理的恐懼，因為其他人可能真的該死的苛刻。但是，讓這種批評阻止你做某件事，只會傷害你。

你應該意識到，其他人（包括世界上最成功的人）也會遭受批評。實際上，極其成功的人每天都受到指數般的批評，但是他們會繼續前進。我們也需要這麼做。你應該克服被品頭論足的恐懼，然後去從事你的工作，才能成就偉大的工作。

另外，不要讓害怕犯錯，讓你喪失了做決策的能力。你也許有兩條路可選，兩條路也可能都是錯的；或者，兩條路都是對的。但無論如何，冒著犯錯的風險走就對了。除非你去嘗試，否則你不會知道結果；如果選錯了，你可以回過頭選擇另一條路。

不幸的是，這種對失敗的恐懼不會消失。每個人都有。你盡力能做到最好的事，就是了解這是人性的一部分，且無論如何都要不斷前進。讓恐懼阻礙你，其實只是讓你自己和你的潛力無法發揮。

來自感激的恐懼

把你的恐懼化為感激吧。為它的存在而高興，因為這表示你得到了有失去價值的事物。

我從電子報訂閱者那裡收到一封電子郵件，這位訂閱者閱讀了所有我寫關於恐懼的想法，和我列出所有讓我害怕的事情。她也寫下她的恐懼清單。

但後來她意識到，她所害怕失去的所有事物，都是她感激能得到的事物。她害怕失去她的丈夫，因為他是她的生命中最重要的人之一；她也害怕生病，因為她一直都很健康。

這是一種看待事物的好方法。恐懼，是因為失去你感激能擁有的東西；所以，讓感激的心照亮這種恐懼吧。

請記住，冒險正是產生這種感激情緒的來源。舉例來說，如果我的讀者沒有冒著風險去約會和結婚（這絕對是可怕的事），那麼她就不會擁有她的丈夫。如果你什麼都不怕，你反而不會擁有任何有價值的東西。所以，把你的恐懼化為感激吧。為它的存在而高興，因為這表示你得到了有失去價值的事物。

認清楚，然後去做

我解決這種恐懼的方式，就是認清自己很害怕，然後無論如何都去做。

我對我建立的事業心存感激，所以我會害怕，如果我破壞現狀去嘗試新的或創新的事物，我會失去我辛苦創造的一切。我很感謝我的受眾，因此，每當我按下文章或電子報的「發布」鍵，或是發行一本書時，我都會擔心我會失去他們。

我解決這種恐懼的方式，就是認清自己很害怕，然後無論如何都去做。顯然，這種作法可能會導致我做出一些非常愚蠢的決定，因此一直會有源源不斷的人，對我取消訂閱、取消關注，並且不想聽到我說的話，但是克服分享的恐懼，也為我帶來很多新的機會。分享我的想法，一直是我願意承擔的一個風險。

我不介意分享最愚蠢、或最聰明的想法——因為這些都是我的想法，而且我知道有更多的想法持續醞釀中。

勇氣創造可能性

克服恐懼的唯一方法就是認知它，然後親身實驗去克服它。有時候結果可能會令人十分驚喜。

我的朋友麥特（Matt）不久前在納什維爾（Nashville）的一家咖啡店裡，發現傑森·瑪耶茲（Jason Mraz，有名的流行歌曲創作歌手）就坐在附近。麥特是他的歌迷，所以當他得知他那麼尊敬的人就在幾英尺之外，他便激動得像個小孩子一樣。

在麥特用了幾分鐘的時間鼓起勇氣之後，他走過去打招呼，還跟傑森握手。然後，傑森做出麥特沒預料到的事。他詢問了麥特的名字，然後邀請他坐下來聊天，就像普通朋友一樣。於是他們花了幾分鐘談論音樂、納什維爾，以及精釀啤酒。

麥特很害怕跟他尊敬的人交談，但無論如何他還是趨前了，因此他現在有了這個有趣的故事：他在納什維爾的咖啡店遇見傑森・瑪耶茲，還一起聊著精釀啤酒的話題。

克服恐懼的唯一方法就是認知它，然後親身實驗去克服它。有時候結果可能會令人十分驚喜。

順帶一提，這種方法不只適用於跟傑森・瑪耶茲交談這類小事情，它也適用於你可能害怕做的幾乎所有事情。恐懼、承認，以及最重要的是——執行。

恐懼真的存在嗎？

如果你很害怕，但你還是會去嘗試某些東西時，恐懼的威力就會消失。

恐懼讓你跟自己作對。實際上它無法做任何傷害你的事情，但它卻會讓你認為它是操場上最厲害、最壞的惡霸，如果你太引人注目，它隨時準備好要打你。

恐懼只擁有你賦予它的力量。當你因為太害怕而無法嘗試某些事物時，它的力量就會體現出來。因此，如果你很害怕，但你還是會去嘗試某些東西時，恐懼的威力就會消失。

我幾乎害怕所有事情：離開我的家、面對一群人、位於高處、飛翔、分享我的寫作、受到批評、跟人交談等——我只隨意舉幾個例子。除此之外，如果有什麼我沒意識到我害怕的事情，當你問我是否害怕時，那我可能會當場多出一個新的恐懼。

有一次我寫下我所有主要的恐懼。那是一個很長的清單。其中只有一項或兩項，有可能會導致我死亡，而且這兩項都是不太可能發生的情況，比如被熊吃掉。其餘的恐懼，最差的情況是，打擊我的自尊且讓我看起來很糟糕。

於是我面對我的恐懼，每次都朝著它們推進。我不斷的離開我家，跟一群人在一起，寫作並出版一些內容。我一直嘗試創新，創造新事物，以及突破自己的極限。

我從小處著手，以小小的力量推進。我知道，感到恐懼與向前邁進不一定是互斥的。我逐步提升到以中等力量推進。如果我不賦予恐懼任何力量，它就什麼事也做不了。接著，我更加用力的推進。別擔心。恐懼可以承受，而且恐懼無法反擊。

推進、推進、**推進**。

害怕公共場合

大部分時候，人們根本不會注意到那些微小的錯誤。

只要我還是一名網頁設計師，我就會一直是一位巡迴演出的音樂家。這對大部分的人來說，似乎是很奇怪的事，因為我的個性如此內向。我在團體中常常放不開，在公開場合會感到不自在，更不用說在舞台上了，而且我很不會進行口頭交流，彷彿是導致災難或失敗的原因，對吧？表演節目、在舞台上、在其他人面前——有時候是很多人面前。

但是，我從小地方做起，用小小的力量克服在舞台上分享我寫的音樂的恐懼。我會跟我的樂團成員一起坐在公園裡，本質上不是為人們演奏，而是在人群中演奏音樂。當我克服這個恐懼，而且並沒有因此就死掉後，我開始參加即興表演（open mics），這個空間裡的每個人都一樣害怕表演（頂多是即興表演，通常是為其他音樂家表演）。

從那之後，我的樂團在小型的俱樂部固定演出，並且為少數人演奏（如果我們幸運的話）。同樣的，我還是沒有死。人們來聽，有些人甚至會買CD或T恤。更棒的是，有些人不只來聽過一場演出——我一直認為對一個樂團來說，這是最好的讚美。

有時候我會去參加更大型的演出，甚至在加拿大與美國巡迴，幾乎每天晚上都在演出。我從來沒有變得比較不害怕站在舞台上、對著麥克風說話、或與人群互動，但是久而久之，我確實學會認清恐懼、承認恐懼，然後不管怎樣都要走上舞台。我彈錯過音符，但我沒有因此死掉。我曾在不對的時間點彈奏不對的段落，但沒有因此被人嘲笑趕下舞台。大部分時候，人們根本不會注意到那些微小的錯誤。

有時候，讓我感到最難為情的表演，正好是許多人事後告訴我他們非常喜歡的一場表演。

如果我不曾嘗試去克服我的恐懼，那麼我就不會擁有這些經歷。

為什麼推動很重要

除非我們嘗試事物，挑戰我們極限，否則我們不會真正知道該怎麼做。

看看我能推動自己走多遠——我能帶著我的實驗走多遠，我離真正了解自己有多近，或者我能帶著我的任何想法走多遠——能為我帶來動力。我從來不會對任何事情感到滿意，所以我覺得我必須繼續竭盡全力，否則我會死於停滯不前、缺乏創造力。我的墓碑上會寫著：「保羅長眠於此。他沒做什麼事情。」更糟糕的是，這些字會以一些可怕的字體被刻上（例如 Comic Sans 字體或 Papyrus 字體）。

我認為體驗恐懼很重要，因為恐懼可以讓我們表現自己、對自己負責，而且能藉由了解自己能夠完成多少事情，確保我們過有意義的生活。除非我們嘗試事物，挑戰我們極限，否則我們不會真正知道該怎麼做。

面對恐懼也能創造一些你最自豪的時刻。如果我做了我不敢做的事情，我會對自己很滿意。幾乎我曾經害怕的所有事情，現在都變成一些難以置信是我曾經不敢做的事情。

在遠方

實現某些成就並不是因為無所畏懼，而是因為恐懼，但依然去嘗試。

為什麼要對抗恐懼？如果恐懼讓我們感到不舒服，為什麼要朝它們走去？不必特別保持安全距離，但停留在不令人害怕的距離，不是很好嗎？

只有藉由嘗試克服恐懼，我們才能找到自己真正的極限——而不是我們認為我們所擁有的極限，因為在我們嘗試之前，這些極限都只是假設。當我們向恐懼逼近時，我們會意識到，我們的極限遠比我們想像中的更遠；有時這些極限會非常的遠，遠到我們甚至看不見它們。

進行危險的想法吧。偉大的工作需要極大的風險。實現某些成就並不是因為無所畏懼，而是因為恐懼，但依然去嘗試。真正的勇氣通常包含大量的恐懼，但這也意味著無論如何都要前進。

開始進行吧（但不要以魯莽、愚蠢或危險的方式）。

錯失悖論

當你花越少的時間，去追趕那些你以為自己錯過的東西，你就能真正擁有更多的時間。

你越擔心錯過某件事情，你因為擔心錯過而浪費掉的現實生活就會越多。譬如不斷的查看虛擬世界的活動，代表你只是間接參與所有活動，而不是實際參與任何事情。它讓你遠離當下，讓你去觀察其他只是部分存在的人。

社群媒體是一個FOMO（fear of missing out，錯失恐懼症）的好例子。我們更新即時訊息的次數越多，我們實際做的事情就越少。由於我們認為我們可能會錯過別人在社群媒體上說的話、做的事、或發布的內容，因此我們的工作受到影響。

當你花越少的時間，去追趕那些你以為自己錯過的東西，你就能真正擁有更多的時間，去過你的生活、做你的工作，或者以面對面的方式跟其他人交流。

完美底下的缺陷

追求完美無法推動任何事情，也無法表露出真實的我們。因為我們並不完美。

學校教我們，失敗是壞事。如果我們在課堂上的嘗試失敗了，這堂課我們通常會不及格。突破界限、實驗、或探索新的路往往是沒有回報的。

這種是非分明的方式封閉了機會。它也讓我們沒有能力去應對瘋狂、複雜的現實世界，在現實世界中，必須對突破界限做出一些嘗試，才能得到有意義的工作。

追求完美，會讓我們無法發現自己的弱點，也無法利用它們。追求完美無法推動任何事情，也無法表露出真實的我們。因為我們並不完美。

湯瑪斯・愛迪生（Thomas Edison）在實際製造出可持續且價格合理的燈泡之前，曾進行了許多次的實驗。如果他沒有實驗，沒有經歷數百次的失敗，我們不會知道他的名字。愛因斯坦（Einstein）寫了數千篇的研究論文，且其中多數論文不是被認為很糟糕，就是被認為很一般。直到他嘗試一些想法，探索許多新的道路後，他才終於找到他的天賦。

歷史上沒有任何創新者、發明家或創造者，沒有先失敗個幾次就做出了不起的事。失敗是成功的必要條件，所以不要迴避。相反的，我們應該欣然接受失敗，把它視為成就偉大的墊腳石。

練習，讓你更接近成功

產品應該著重於夠出色而足以推出的程度，以及好到足以讓你的受眾享受的程度。

完美是個神話，持續練習永遠不可能變得完美。事實上，所有追求完美的努力，反而有可能讓你離推出任何產品更遙遠。通往完美的路，會讓你幾乎無法推出你的成果，因為沒有任何事情是完美的。產品應該著重於**夠出色**而足以推出的程度，以及好到足以讓你的受眾享受的程度。

如果你著重於把每句話都變成可以永久流傳的名言，那麼一本書就完成不了；如果畫紙上的每平方英寸，都需要配得上羅浮宮（Louvre），那麼一幅畫就無法完成。你的工作成果能夠出色就好。

夠出色的意思是，你已經用盡所有可能的靈感去努力工作；夠出色的意思是，你已經把一切都留在舞台上了；夠出色的意思是，你可以把你的工作推向終點。

夠出色不是將就，**它是啟動**。

因此，練習不會變得完美，是讓你更近一步。每當你做一次你的工作，你離下一步就更近一步。這些所有的步驟累積起來就是啟動。

有時候練習會通往失敗，因此你不得不放棄這項工作。在這種情況下，請嘗試新的可變因素，或甚至嘗試新的工作。唯有更多的練習，才能讓你更接近成功。

評斷

一個不斷創造與展示自己工作的人，與一個沒有這麼做的人，唯一的區別就是行動。

恐懼會讓我們擔心別人怎麼想的。不是人們可能會評斷你，是他們一定會評斷你。

通常我解決這種恐懼的方式是，盡可能經常的出現。也就是說，如果我害怕寫作，我就寫作；如果我擔心自己是一個不夠厲害的網頁設計師，那我就建立更多的網站。

一個不斷創造與展示自己工作的人，與一個沒有這麼做的人，唯一的區別就是**行動**。這兩個人心裡都會感到害怕。他們都不知道結果會如何，他們都不知道別人會如何評論他們，但是第一個人不管怎樣還是去做了。

所以你為什麼要害怕做自己呢？你**真的**會損失什麼嗎？

每一次

我分享，是因為即使有些人討厭我所分享的內容，但還是有些人不討厭它；而那些不討厭它的人，正是我想透過我的工作或作品與他們交流、幫助他們的人。

每當我發電子郵件給我的郵件名單時，我都會失去訂閱者；每當我發推文時，我最少會失去一位關注者；每當我寫一本書或一篇文章時，我至少都會得到一條嚴厲批評，指出有瑕疵的邏輯、缺乏的技巧、或輕易就能反駁我的觀點。

人們會發電子郵件給我，談論我的設計或寫作，並且告訴我，我做的事情很糟糕，或者我的想法不好。每週我都至少收到一封負面的電子郵件、推文或評論。曾經有人給我的食譜書一顆星（滿分五顆星）的評價，因為「它很好，但不如《戰爭與和平》（*War & Peace*）」。

也許是因為我喜歡按下按鈕或寫些偷來的想法，以及在會議上罵髒話；也許是因為我試圖以誠實的聲音寫作，而誠實的聲音沒有引起某些讀者的共鳴。

那麼，為什麼每次我像是被打耳光，卻還是要花時間向這個世界展示工作呢？我這麼做是因為我喜歡分享我是誰。我喜歡跟喜歡和我交流的人（這些人是一般大眾中的一小部分）進行交流。

我對取消訂閱、取消關注或不禮貌的電子郵件不太在意。我只會在電腦螢幕前罵髒話，然後很快的繼續前進。

我不記得上一次負評真的讓我徹夜難眠或毀掉我一整天是什麼時候了。只要我跟自己的價值觀保持一致，並且誠實對待我所分享的內容，我就會一直分享下去。我分享，是因為即使有些人討厭它，但還是有些人不討厭它；而那些不討厭它的人，正是我想透過我的工作或作品與他們交流、幫助他們的人。

我沒有無時無刻都試著取悅所有人，我甚至沒有試圖去取悅那些一直喜歡我的人。我們每個人都有不同的價值觀，即使他們多數的價值觀與我的一致，但有時候也會不一致，這沒什麼大不了。我寧願專注於我想說的話，而不是它是否會冒犯到某個人。

假如

> **用較小的步伐找到自己的聲音。在每篇文章與做的每件事當中，都添加一點點勇氣，直到這一點點一點點勇氣，累積成為一間訴說自己真實故事及與自己價值觀相符的公司。**

梅格（Meg）是一名健康教練，她幫助人們應對食物的問題，並教他們如何做出更健康的選擇。健康教練有很多，就像瑜伽老師一樣，他們通常有著統一的語言和語調。但是，這些教練都沒有梅格的人生故事，而且梅格沒有興趣故作姿態或裝腔作勢。她不希望自己成為「小小健康教練機器人」。

在梅格成為教練之前，她因為販毒在聯邦監獄服刑兩年。你可以在她公司的網站上閱讀到相關內容。事實就擺在那裡，全世界都可以看到。

起初，梅格害怕以她的方式跟她的受眾——希望能夠了解食物與健康，但不想以其他多數健康教練的交流方式去了解的受眾——交流。但是她想，「如果……會怎樣呢？」如果她只是誠實的以她談論自己事業的方式，會怎樣呢？如果她誠實的面對自己的故事，這樣她的受眾就不會從他處聽到八卦（這可能會很棘手），那會怎麼樣呢？

梅格從恐懼到實驗，再到優雅，優雅的以她的方式工作。優雅的熱愛生活，並且從事一份有意義又能賺錢的工作。

她開始用較小的步伐找到自己的聲音。她在她寫的每篇文章與她做的每件事當中，都添加了一點點勇氣，直到這一點點一點點勇氣，累積成為一間訴說她的真實故事及與她價值觀相符的公司。

現在，她正把她獨特的故事賣給出版機構。

信心危機

我唯一知道的前進方式就是繼續向前走。嘗試、適應、學習，親自進行實驗。

我在多數寫作的日子裡，每天起床時都會覺得非常焦慮。如果我寫的內容，不如我的上一篇文章或上一本書籍受歡迎，那該怎麼辦？如果人們最後發現我其實什麼都不知道，那該怎麼辦？如果沒有人買我的書，或更糟糕的是，每個買書的人都想要退貨，那該怎麼辦？如果敲門的人真的是創意警察，那該怎麼辦？

這些是可怕的想法，但它們不會殺死我，也不會讓我無法再試一次，或無法嘗試新事物。最壞的情況只是，失敗會打擊我的自尊（還好我的自尊可以承受輕微打擊）。

我醒來後會去想這些事情，接著我開始寫作。害怕所有事，意味著非常害怕重要的事。如果失敗了，那麼會有太多的未知數、太多的變數，以及太多的投入。

然而，我唯一知道的前進方式就是繼續向前走。嘗試、適應、學習，親自進行實驗。

每當我看到空白頁時，我都會出現信心危機。但是接下來我會開始寫作。而每一字都是對這種恐懼的一**小步進攻**。我在寫這句話的時候，我正在跟它對抗，如果你有讀到這段文字，代表我已經克服發表我所寫的東西的恐懼了。

現身

每個擅長自己分內工作的人，他們之所以擅長，是因為盡可能頻繁的去做他們所做的事。

如果你能經常出現在你的恐懼面前，就能學會如何看待它、承認它，然後去做你害怕做的事情。你必須現身（可能是每天）——特別是當你不想出現，或沒有受到鼓舞的時候。

當你覺得沒有受到鼓舞、提不起精神的時候，請你要出現，並且去做你的工作。這也沒什麼大不了。因為鼓舞人心是胡扯。我所認識每個擅長自己分內工作的人，都不是因為他們擁有小精靈，或是有特別厲害的魔法才擅長這些事。

他們之所以擅長，是因為盡可能頻繁的去做他們所做的事。

為了成為一名更好的作者，我每天大約會寫五百個字；為了成為一名更好的網頁設計師，我會在每次接到專案時去從事設計。有時候，做出來的是可怕的東西，是我不會跟任何人分享的東西。但是有時候我寫的東西值得分享。如果我工作得夠久，那麼我的設計就會達到我很樂意跟客戶分享的程度。我每一天都會努力去解決問題，以提高我把工作做得更好的機率。有時當我不想創作、不想執行，反而能生產出我最好的作品。

如果我不盡我所能的經常出現，並且去做這些事，我最好的工作成果可能就不存在。

微小的部分

把我的工作拆解成許多微小部分，讓它變得不像是一項浩大的創意工作，而更像是我可以完成的許多小任務。

身為一名網頁設計師，我的工作需要我「根據需求去創造」。總會有最後期限與可交付成果，因此我需要為別人雇用我從事的每個專案開發從無到有的資產。即使某一天我沒有靈感或創造力，我仍然會坐下來做這項工作。

在這種情況下，我會從小處著手，或許從挑選字體開始。接著我會選擇最適合這個專案的顏色。再來我會把顏色跟字體放在一起，看看它們的搭配效果如何，並嘗試以不同的大小與風格，去設計標題和段落內容。

把我的工作拆解成許多微小部分，讓它變得不像是一項浩大的創意工作，而更像是我可以完成的許多小任務——即使繆斯女身沒有坐在我的肩膀上。我從微小部分開始，從那裡開始發展，直到我完成這項工作為止。

當你把專案拆解成最小的任務時，你會很驚訝，這種策略的成功機率有多麼高，以及處理起工作會變得多麼容易（尤其是創作型工作）。它會讓人覺得沒那麼可怕，例如你不必無所事事的轉動你的拇指，等待靈感降臨。

批評的價值

如果我的工作如此珍貴，以至於不能接受建設性的批評與回饋，那麼我就不該把它當成工作來做。

你的工作成果不應該珍貴到不能受批評。如果是這樣，也許你**應該把它藏起來**，不要與人分享（創造這種工作也很有價值的——只為自己做的工作）。但是，如果你的作品本來就該跟這個世界分享，那麼你應該知道，它將會面臨批評。

意見回饋只會讓你變得更強大。你必須有能力捍衛自己的想法，知道它們該如何在更深入的調查中站得住腳，並且為他人提供價值。沒有經過考驗的觀點，鮮少有值得保留的價值，因此面對一點點的批評，只會讓你的作品變得更加強大。

不過，這可不容易。但是在多數時候，我們需要把自己的情緒跟工作上的回饋意見分開。我已經這麼做了將近二十年，並且直接面對那些可能喜歡、或不喜歡我所提出的想法的客戶。

我可以做出我認為是有史以來最好的網站視覺稿。我可以花好幾個小時努力說服我的客戶，以確保他們能夠接受它，並且把它用在他們的業務上。但是有時候，我做的設計仍然不適合他們，我必須報廢，然後從頭開始。

如果每次發生這種事情，我都要憤怒、生氣或不高興，那麼我會浪費太多時間，無法集中精神。相反的，這些批評表示我的工作沒有提供它應該提供的價值，所以我會繼續前進，再試一次。沒錯，有時候你努力做一件有創意的事，卻只是看到它被否決，這種感覺實在糟透了，但是我從來沒有停留在這個念頭上超過幾分鐘。

如果我的工作如此珍貴，以至於不能接受建設性的批評與回饋，那麼我就不該把它當成工作來做。

中止你的愛吧！

這世界需要你去創造，而非不斷的修改自己所做的事，只停留在你看到的缺點上。

聽取有建設性的回饋，但不要理會你內在的批評聲音。馬上結束對批評的喜愛，因為它不適合你。這世界需要你去創造，而非不斷的修改自己所做的事，只停留在你看到的缺點上。

我們需要你。不是你應該成為的那個你，不是你認為我們希望你是什麼樣子的那個**你**，而是**真實的你**。那個有點嚇到我們的**你**，因為它很真實（甚至有點奇怪）。

做真實的你很重要，因為這能讓你更容易與自己的價值觀保持一致，也更容易持續從事有意義的工作。拿下過濾器與面具之後，留下的就是獨特性與吸引力。

你不能等以後再做這件事，你不能等你已經「成功了」，才展現真實的自己。你必須現在就做自己，這是你該為自己做的。

我們總愛沉溺在自己的缺點，因為這比跟全世界分享我們的工作更容易，也比較不會受傷害。當我們完成了某個作品，會直接對自己說「這不夠好」，然後把它藏起來，因為這種作法比較安全。但是，這卻剝奪我們對這世界的看法，也剝奪我們可能為其他人真正帶來改變的事物。

請馬上結束你對內在批評聲音的喜愛。在它殺死你之前，讓它的聲音停下來。

脆弱就是勇氣

即使我們做得夠多，我們最終還是會失敗（或一開始就立刻失敗），但我們依然會盡最大的努力，這就是一種真正了不起的勇氣。

如果在字典裡查「脆弱」這個名詞，你會覺得脆弱是很糟糕的東西。脆弱的定義從「容易受到創傷或傷害，例如被武器傷害」，到「容易受到攻擊或襲擊」，再到「容易受到感情上的傷害」。這些定義聽起來都像是可怕的後果，難怪我們會避之唯恐不及。

如果你把負面的潛在結果從定義中移除（字典，可不要妄下結論！），那麼脆弱其實就只是暴露。它讓你把自己暴露於情感中、暴露於其他人面前、暴露於不確定性中、暴露於風險中。當你不確定接下來會發生什麼事情時，你需要挺身而出去冒險。

我們為什麼要這麼做？我們為什麼要讓自己那麼坦承公開，這麼做有可能會導致失敗、嘲笑或各種壞事，甚至可能招來武力攻擊？既然不能保證脆弱會帶來任何好處，那為什麼要自找麻煩呢？

我們的社會通常把脆弱視為一種弱點。多數人認為，強大的人不會那麼毫無防範。但事實上，情況正好相反。

為了表現勇氣，我們必須在不知道結果的情況下先冒險。脆弱是驅使我們的動力，它讓我們有所行動、開始新的冒險，以及最重要的是，做出選擇且承認我們的選擇。願意嘗試新事物是我們最大的勇氣，因為我們必須毫無防範的敞開心胸，去看看會發生什麼事。

在別人身上，更容易看出**脆弱**或許是力量。我們敬佩脆弱的人，因為他們承擔了我們希望自己能承擔的風險。但是，當我們把鏡頭轉回自己身上時，我們寧可相信脆弱是社會上普遍認知的軟弱。

如果我坦承布公，毫無保留，然後我失敗了，那麼大家會瞧不起我。

我們以為別人冒險，展現勇氣容易多了，我們寧願躲在安全的地方，空想或寫些有關脆弱的問題，而不是真正的行動，在自己的生活中付諸實踐。

布芮尼・布朗博士（Dr. Brené Brown〔請看她二〇一〇年的ＴＥＤ演講〕）研究脆弱的議題已經超過十年。在她的大量研究中，發現其中一大關鍵是，沒有任何一個關於勇氣的實例不需要脆弱。

當我們越了解勇氣與脆弱之間的關聯，我們就越能意識到它們不是對立的。

想要有勇氣，就要學會脆弱。

儘管我們知道，即使我們做得夠多，我們最終還是會失敗（或一開始就立刻失敗），但我們依然會盡最大的努力，這就是一種真正了不起的勇氣。

你今天脆弱了嗎？

一切取決於你怎麼架構

如果我創作時只活在當下，不擔心發布到大眾面前會發生什麼事，那麼我要注意的就只是確保這個作品符合我的價值觀。

我會製作一些東西並與別人分享。有時候是書、照片或網站，有時候則是食物。我試著不要被貼標籤、加諸期望，或被我所做的事情所限制。這些都是未來的事，如果在事情發生之前就去想，不僅無濟於事，還會影響我的正常工作。

幾年前，我在不了解如何寫書、自助出版，甚至是最重要的部分……烹飪的情況下，寫了一本食譜。我沒有受過正規培訓，我不是廚師，而且我從來沒在任何專業的廚房裡待過。我只是想寫一本好的食譜，同時回答人們有關素食飲食的問題。我不認為自己是作家或廚師，現在也依然不這麼認為。我只是喜歡製作一些東西，只是這東西剛好是一本純素食的食譜。

這種思考方式可以減輕壓力。它消除了圍繞在我所做的事情上制定目標的需求。它也使成功變得無關緊要，因為我不是一位要出版代表作的廚師，我只是一個熱愛美食，而且想分享一些美味食譜的人。我不可能失敗，因為我很享受整個過程。

一開始，我對於成為一位專業作家（實際上這代表我的寫作能獲得報酬）並沒有想太多。如果想很多的話，我可能就不會開始，因為那是一個可怕的想法，而且脆弱的程度可能是我還不能欣然接受的程度。如果我的書失敗了怎麼辦？如果人們說我的部落格文章全是錯的怎麼辦？我夠優秀到能成為一位真正的作家嗎？我敢肯定，我無法承受那張標籤的重量。所以，我只是寫寫而已，沒想那麼多。

如果我創作時只活在當下，不擔心發布到大眾面前會發生什麼事，那麼我要注意的就只是確保這個作品符合我的價值觀。

如果我的價值觀是做好事與幫助人們，那麼食譜書裡有很多美味的食物，它可以幫助想學習新的素食食譜的任何人。

失敗是一場實驗

如果真的失敗了，那就把所有的拼圖拿出來，從頭開始就好。你可以用完全不同的方式，嘗試不同塊拼圖。

如果你只把想法當做實驗，嚴格來說，你絕對不可能在任何事情上失敗。你只是透過實驗，證明或推翻一個你得到的理論。如果第一次不成功，你可以反覆改良，嘗試不同的事物。直到它發揮作用，才算成功。

沒有公式可以確保你做的事會成功。你所能做的事，就是產生想法並且測試它們。無論成功或失敗，至少你已經完成必要的工作。

堅持不懈是成功人士最重要的特徵。幾乎沒有人從一開始就成功。大部分的人會嘗試、失敗、再嘗試、失敗，再嘗試。他們的故事背景充滿錯誤、偏差，以及否定，直到沒有錯誤為止，他們會一次又一次拾起拼圖盒。他們會不斷選擇一條新的道路，直到那條路通往某個好地方。

如果結果不是你想要的，或者結果讓你不滿意，那麼你現在是自由的。當你在構思一個想法時，你會著迷於將它付諸實踐。「現在我已經太失敗了，不能再更失敗了！」這是人們熱衷的思考方式。但是，如果真的失敗了，那就把所有的拼圖拿出來，從頭開始就好。你可以用完全不同的方式，嘗試不同塊拼圖。你可以回到書的開頭，重新選擇一條新的路。既然有一條可以迴避龍的路，這次你就可以避開牠。

我是怎麼實驗的？

如果想得到不同的結果，就必須稍微改變一下實驗——重新定位受眾，使用不同的工具，或者嘗試全新的想法。

我把焦點放在眼前的任務，而不是最終的結果。專注於過程可以帶來意外的新發現與個人的探索。否則，我可能會無意中採用主觀的想法，主觀的希望某些事情會變成什麼樣，而不是去尋找長期摸索後的最佳發現。

我儘量避免一邊創造一邊評斷。創造與評斷是非常不同的思維過程，而且可能會互相干擾，因此它們必須分開進行。我會先實驗並探索每個想法（把它寫下來、畫出來、實際試著去做）。接下來，我才會開始進行編輯、策展及評斷，以改進與完善這個想法。

我會把實驗盡可能拆解成最小的任務。接著，我會澈底的執行每一個小任務。一直到最後，我才會把這些所有的小任務連接在一起。這樣做可以防止我因為處理太大的專案，而感到不知所措或害怕。

我會記得這只是實驗。它們不是專業的商業構想。首先，我會找出方法，盡我所能使用最少的資源來進行實驗。能夠讓我快速做出原型的構想核心、或構想的本質是什麼？然後在進一步發展之前，我會盡可能把這個原型擺在更多人面前展示。很快的我會失敗。

但我不會重複實驗。除非我改變一些可變動因素，否則相同的實驗不可能得到不同的結果。如果我嘗試一個想法，而它失敗了，我應該要改變作法或者是換一個新的想法。一遍又一遍做同樣的實驗，卻希望有新的結果出現，是沒有意義的事。如果想得到不同的結果，就必須稍微改變一下實驗——重新定位受眾，使用不同的工具，或者嘗試全新的想法。

意圖是顯而易見的

如果你的工作是以幫助他人為基礎，毫無疑問的你應該表明這個意圖。人們反而會被你的工作吸引，因為我們都有點自私，希望我們的痛苦能早點消失。

我們的意圖對別人來說總是很明顯。我們通常是可怕的騙子，而且有時候我們只是在自欺欺人。在開始任何實驗之前，先評估一下你為什麼想要這麼做，這是個明智的作法。你想達到什麼目的？這個實驗跟你的價值觀如何保持一致？

開咖啡店就如同它外觀上看起來的一樣潮。它能提供很好的例子，說明企業如何透過意圖來塑造形象。你幾乎可以在任何地方買到一杯咖啡——從加油站到時尚的地方特色咖啡館，再到大型企業連鎖店，甚至是大部分的衝浪店。儘管他們的共同商業目標是維持獲利，但他們的意圖卻截然不同。

藍瓶咖啡（Blue Bottle Coffee）的宗旨，就像在說我們應該在大眾交通工具上讓位給老年人，並且每天使用牙線。相比之下，星巴克就會使用華麗的企業語言來描述它的高標準、道德，以及不同凡響的產品。你猜我寧願到哪裡喝咖啡嗎？我覺得星巴克就好比汽車、電腦或甚至是社群媒體一樣，明顯缺乏熱情，而且它所使用的華麗行銷語言沒辦法欺騙任何人。

就算是沒有看過《廣告狂人》（*Mad Men*）影集的人，都可以感覺到這兩間咖啡公司的意圖完全不同。星巴克可能會花很多錢來調整好它們的調性，但它們依然讓人感覺，是一間試圖向你推銷咖啡的公司。但是，藍瓶咖啡給人的感覺就像是，非常熱愛咖啡的人，他們想賣給你一杯你也會愛的咖啡。

我們的意圖就像是一顆紅色的球，蓋在三個塑膠杯底下移來移去。我們總是喜歡認為自己是偉大的魔術師，可以欺騙我們的觀眾，其實對任何玩遊戲的人來說，三個杯子都是透明的。

意圖說明了為什麼銷售話術聽起來就像銷售話術，以及為什麼大多數廣告馬上會被認出是廣告。我們天生就能理解其他人真正想要什麼。

那麼，為什麼不去追求一些好的東西呢？這樣一來，就算人們看到你的意圖，他們會對你的意圖感到舒服，而不是生氣或失望。

當我們把自己的熱情、幽默、恐懼和愛心投入到工作中，就代表著更重大的意義，也更能引起他人深刻的共鳴。為什麼？因為它變成我們與我們的受眾的凝聚點（rallying point）。不妨這樣想：唱片公司要一個樂團寫一首歌，這首歌是關於一個名為珍妮（Jenny）的虛構女孩的歌。這個樂團向全世界發行這首歌。後來，作曲者愛上一個名叫麗莎（Lisa）的女孩，並且為她寫了另外一首歌。他們也發行了這首歌。你認為哪一首歌能建立更緊密的連結？你認為哪一首歌會更受歡迎？

如果你的工作以幫助他人為基礎，毫無疑問的你應該表明這個意圖。人們反而會被你的工作吸引，因為我們都有點自私，希望我們的痛苦能早點消失。但是，如果你的工作是專注於賺錢，人們就會發現你只是想拿走他們辛苦賺來的錢。

你當然可以追逐金錢、名聲或流行之類的東西；這些事情沒有錯，甚至也沒有不好。但是你最好能像魔術師大衛・考柏菲（David Copperfield）一樣，隱藏你所做的事的這些意圖。否則，你必須完全公開的承認它們（想一想唐納・川普〔Donald Trump〕的例子）。

沒有二手的實驗

就像你不會跟別人走同一條成功之路一樣，同樣的邏輯也適用於失敗。

你可以說服自己，如果有人已經嘗試某條路，而且失敗了，那麼你也不需要嘗試這條路。你把他們的失敗，視為此路不通的證據。

但是，就像你不會跟別人走同一條成功之路一樣，同樣的邏輯也適用於失敗。

你必須自己嘗試才能獲得有效的結果，才能看看到底會發生什麼事。你可能會留下一些疤痕，但至少這些疤痕會成為你旅途上看得見的提醒。

我如何驗證一個想法

追求完美是沒辦法推出的最大藉口。

我透過嘗試來驗證我的想法。我大部分的初步構想，幾乎都不需要花錢，只需要花時間去探索。如果我很享受做這項工作，那麼時間就花得值得。

我透過啟動這些想法來驗證它們——每個想法都可以被濃縮成，你幾乎無需任何金錢與一些準備工作，就可以開始的想法。因此，我先從構想的本質開始，跟其他人一起測試它，然後看看會發生什麼結果。接著，原型可能會奏效。

有時候，成功的工作可能會帶來比較少的創新，接著真正的製作會停止。你會變得更像一條工廠裡的生產線，而不是有意義的創造者。

追求完美是沒辦法推出的最大藉口。我們會說，只要再多幾樣完美的東西，那麼它就可以準備好賣給其他人了。只要我們能再好好解決這部分問題就好。

完美會阻礙你推出作品，因為它容易讓你不斷回頭、沒完沒了的精益求精。事實是，除非經過測試，否則完美根本不存在；即便經過測試，可能完美也依然不存在。停止追求完美。停止專注於無關緊要的小細節，這些小細節會阻礙你發表偉大的點子。

超級英雄做的事

當你用自己寶貴的專業知識解決別人的問題時，你也同時滿足許多人的需求。

如果有夠多人向你尋求協助，而且如果你全職從事幫助人的工作，那麼幫助人們可以成為全職的工作嗎？這聽起來像是超級英雄才會做的事。當你證明你的事業原型具備牢固的基礎，你就可以在這個成功的基礎上發展，開始銷售網站或汽車。

當你用自己寶貴的專業知識解決別人的問題時，你也同時滿足許多人的需求。他們會告訴其他人你是如何幫助他們的，接著，會有更多人向你尋求幫助。

所以從現在開始，立刻去幫助別人吧。

第3部

藝術、技能及熱情

「創意是允許自己犯錯。藝術是知道該保留哪些創意。」

——史考特．亞當斯（Scott Adams）

每位企業家都是藝術家

創新來自開始、說出、或嘗試某些新事物。

如果你是以自己的方式做你自己的工作，那麼，你不會對現狀感到滿意。也許你會浮現如何讓某件事變得更聰明、或者讓某件事運作得更好的想法。那太好了，再製造一些麻煩吧。

從事屬於你自己的工作很重要。創新來自開始、說出、或嘗試某些新事物——而不是仿效別人已經做過、或者對他人有效果的事物。所以，做一個製造麻煩的情報員吧，選擇跟別人不一樣的路。這需要極大的創造力，但幸好你盡可能的展現出你的創造力。

技能與熱情

找到可以滿足你的興趣與技能的交會處，並找到願意為你的時間、工作、產品、或服務付費的受眾。

我不相信「追隨你的熱情」。我討厭這個建議，而且這是可怕的建議。熱情很好，但需要經常檢視。你的熱情是受到外在的獎勵（比如財富或名聲）所激勵，還是受到內心的核心價值觀所引導？不過無論是哪種方式，光擁有熱情是不夠的。

相反的，你應該找到**交會處**——也就是有意義的工作，與能夠幫助願意為你的產品或服務付費的人的交會處。

只有你對某件事感到興奮是不夠的，其他人（你的受眾）也要夠興奮，願意為此付錢給你才行。你可以創造出一項非常令人興奮的產品，讓你每次想到它都會發出幼稚的「高分貝尖叫聲」。但是，如果沒有任何人想購買它，那麼你就無法用它做生意。

要到達交會處你需要大量的技藝。你必須擅長做某件事。你當然可以對它充滿熱情，但是你也必須要熟練。否則，請把它當成業餘嗜好，在你休息的時候好好享受就好。你永遠不必跟任何人分享你的嗜好，或者利用它們賺錢，這就是嗜好的美好之處——它們可以只屬於你自己。

如果你還不怎麼擅長你的技藝，還不足以讓它成為全職工作，那麼請問問自己，你是否願意投入更多的時間與精力，去成為世界上最擅長的人。如果你願意，那就繼續做。如果不願意，就去找其他的事吧。

當你付出時間與努力後，你依然沒辦法接近最佳狀態，那就找些不一樣的事——並不是每個人都擅長每一件事，而你只是還沒有找到你的最佳打擊點，因此你必須適應情況去做出改變。實驗新的事物。你不必成為世界上最好的，但是你必須以顯著的方式不斷改進。

盡可能試著產生更多的想法。致力於定期發展新想法，最終你會找到一個自己有興趣且擅長做的事。你必須以經常現身執行的方式來增加機率。

熱情是一件有點微妙的事情。舉例來說，即使工作本身不是你著迷的東西，你還是可以對工作過程、或參與其中的人充滿熱情。你可能會愛上它的本質，而不是愛上它的表面，尤其是當它處於你的技藝與熱情的交會處。

找到可以滿足你的興趣與技藝的交會處，並找到願意為你的時間、工作、產品、或服務付費的受眾。

技能 vs. 價值

有時候，擁有精妙的技能只是公式裡的其中一部分。你還需要有受眾願意花錢來交換你的工作。

二〇〇七年，我跟兩個朋友一起創辦了一間公司。其中一位是程式設計師，現在在推特上班。另一位是市場行銷人員，已經創辦了多間成功的公司。我們都知道我們各自的工作能力。

這間公司是為環境友善企業提供服務的線上廣告網（在關注環保的部落格上投放廣告）。我感覺這是個完美的點子，因為我一直在參與環境慈善事業，環保是我非常關心的一件事，所以，建立一個注重環境保護的科技公司，跟我的價值觀與專業技能相符。我們甚至把慈善捐贈跟公司的商業模式綁在一起，因此當我們公司的收入成長時，我們對環境團體的捐贈也會跟著增加。

我的共同創辦人不僅是好朋友，而且還是成功人士（他們現在仍然是）。我們擁有最好的設計、可靠的程式碼，以及適當的策略，能為我們的產品建立受眾與消費族群。

我們花了幾個月的時間做準備，開發出完美的解決方案，讓我們的受眾也對我們的發表會感到興奮。我們擁有一些有興趣把廣告投放到我們的網路的公司，同時也擁有一些高流量的出版者與部落格作者，熱切的希望在他們的網站上刊登「綠色限定」的廣告。

然後，二〇〇八年九月到來，全球金融市場大崩盤。即使沒有受到直接的衝擊，許多公司的廣告預算也都萎縮，甚至消失了。

我們產品的經濟利益變成零。在試圖尋找新的廣告客戶幾個月後，我們被迫放棄這項計畫。我們打造出我們認為不可思議的產品，且這項產品完全符合我們的價值觀與熱情。但是到最後，沒有受眾願意或能夠為這項產品付費。

我們三個人都把我們的技巧與能力帶到這項計畫中，但是目標受眾沒有看到足夠的價值或必要性來完成交易。由於金融市場崩盤與發生變化，我們的企業沒辦法站穩腳跟。

有時候，擁有精妙的技能只是公式裡的其中一部分。你還需要有受眾願意花錢來換取你的工作。我與我的合夥人投入這項工作，但最後卻失敗了，因為我們無法在經濟緊縮的環境下，說服受眾相信它的價值。

關係只會在兩人之間建立

不需要費心去取悅每一個人，也不需要說服每一個人喜歡你所做的事。

只有身為獨立個體的那些人（不是匿名的「群眾」）會想跟你建立關係，所以不需要費心去取悅每一個人，也不需要說服每一個人喜歡你所做的事。這是不可能的，而且去取悅那些從一開始就根本不在乎的人，很容易讓人感到沮喪。

你的工作就是你的故事，是透過你獨特的視角來描述的故事。有些人會不認同你，但有些人不會。根據你的價值觀明確劃定你的立場，並忠於你的信念。

現在，跟你站在同一邊的人就更容易分辨出來。他們是你的受眾、盟友、宣傳者，以及朋友。

唯一可以製作與分享你的工作的人就是你。這就全靠你了。這可能是可怕、沉重的事，但革命是必要的。沒有革命，任何事情都不會改變，世界也將會變得很無聊。

想要真正了解你的工作是否能跟人建立關係，以及它如何跟人建立關係，唯一方法就是去做，然後把它展示出來。

找到你的人

你喜歡跟誰在一起？你的工作能怎麼幫助他們？你天生跟誰有關聯？誰是你更親近、分享更多內容、讓你表達誠實的想法的人？

你的事業與**你的人**有關。它不只是關乎你或你所做的事，它還關乎這項工作可以接觸到的每個人。這是關於他們的故事，以及他們如何使用你所做製作出來的東西——你所做的東西如何幫助這整群人，而不只是你自己而已。

斯里尼瓦思．勞（Srinivas Rao）稱這些人為你的小部隊。這些人是在你的工作中發掘價值的人。他們是了解你所談論的內容的人。最重要的是，這些人是會現身在你創造的工作成果上的人。他們會跟它互動、購買、甚至宣傳與分享。

這些人是你的皇室成員，因為他們願意聽你說想說的話。當你劃定立場時，這些人就是站在你身邊的人。他們會告訴你，你不是孤單的在做你所做的事，而你也會告訴他們一樣的話。

尋找你的人可能很困難，但你應該先問自己幾個問題：你喜歡跟誰在一起？你的工作能怎麼幫助他們？你天生跟誰有關聯？誰是你更親近、分享更多內容、讓你表達誠實的想法的人？

你的人不一定是在社群媒體上關注你的人。事實上，你也許甚至沒有跟他們當中大部分的人進行過任何交流。他們可能是購買你最近一件作品的十個人。如果他們跟每一個他們認識的人說，他們知道你所做的工作，那麼他們肯定是你的人。

你的人不需要是很龐大的一群人；他們可以是**小部隊**就好。先跟他們單獨聯繫，以此為起點。如果他們需要幫助，就幫助他們；如果你所做的事不再能為他們提供服務，那就重新調整你的工作，並盡可能在任何時候都誠實的對待他們。

我的人就在我的郵件名單上。這是我最喜歡交流與互動的地方。當然，這只是一小群人，但他們是最先給我回饋的人，是註冊我提供的東西的人，也是單純與我交流的人。我曾經跟幾十位訂閱者進行電話交談，這麼做只是想增強我與他們互動的樂趣。如果我明天可能會被奪走我的社群媒體帳號，我不會因此感到不安，但是如果你想拿走我的郵件名單，你必須把我冰冷、僵硬、無法連到網路的手指用力掰開，才能拿走它。

凝聚點

最好的行銷永遠是具有自己的立場。這不只是銷售產品或服務，而是告訴受眾，為什麼只因為他們認同你的作法，他們就要不惜任何代價來購買產品或服務。

你是否還記得中古時期的一場戰役（我也不記得，但請跟緊著我），當時你正身處戰場，你正面臨失敗或感到困惑，突然有人舉起你的旗幟。當時你冒出一股戰鬥的衝動，想再努力一點朝著那面旗幟邁進，你衷心希望有更多跟你站在同一陣線的士兵會做相同的事。

接著這面旗幟變成了指路明燈，它立刻被視為一個共同的目標。你會想，

我一定要到達我的旗幟，接下來你就會被有同樣心思的人圍繞（在這種情況下，這些志趣相投的人不會想殺死你）。自此之後，你就可以朝共同目標更進一步。

把旗幟當成傳播消息與凝聚點，這個想法就如同上述的歷史文化一樣古老。旗幟不只是精心設計、帶有漂亮標誌的布料，它們公告了一個可以馬上被認出來的想法。它們所代表的意義，比它們的外表更重要。你要麼就是相信它，然後站在它後面；不然就是沒有共鳴，知道那不是你的旗幟。這是黑白分明、已成定局的事情。

中古時期，基本上每個人都穿著相同的盔甲，因此很難分辨你應該幫助哪些人，以及你應該拿起劍對付哪些人。旗幟可以用來區分這兩者。

即使到現在，仍然很難分辨誰是你事業上真正的受眾，以及誰肯定是最不符合的人選。但我喜歡這樣的想法：把你的工作焦點放在一個「凝聚點」上。這不單純只是品牌、傳遞訊息、或甚至是企業目標。它是一條劃定立場的線，一邊包含你的工作與其象徵的價值觀，而另一邊則是其他所有不適合你的人或事物。它可以立刻說明誰是你的小部隊裡的一部分。

要在沙子上劃出這條線，也許是很可怕的事——尤其是當這關乎**你的**事業的時候。這麼做會讓你立刻疏遠某些人或一整群人。但是高舉旗幟很重要，因為對於你的人、你的部落，以及你的受眾來說，旗幟就是燈塔。你把旗幟掛起來，他們就知道要去哪裡找你了。

對一個並非中古時期的企業而言，凝聚點會長什麼樣子呢？讓我們看看有些公司的宗旨說明，像是lululemon的宣言。如果你不喜歡瑜伽、不喜歡流汗、也不喜歡積極向上，那麼你就不會喜歡它所說的話——而且你也不可能買任何一條它們家的褲子（除非你喜歡很薄的褲子）。但是，如果你喜歡瑜伽、喜歡流汗、喜歡積極向上，那你可能會讀它，然後可能會想，**「見鬼了，沒錯就是這個」**，接著你可能已經穿上他們的標誌了。

不過，凝聚點不需要像宣言一樣那麼具體。在我自己的公司，其實我只是藉由在我的部落格上寫下很多觀點，來定義我對設計、SEO和程式設計的想法。

如果有人想跟我合作，然後閱讀我對我的行業的看法，結果卻不認同……

那麼他們可能不適合我，而且跟他們合作可能會讓我抓狂。

但是，如果有人找到我，贊成我所說明我在做的事情，我們接著可能會一起啟動一項專案——我保證這個專案至少會從共識與理解開始。

多年來，我的標誌已經改了很多次，甚至消失過很多次，但我所堅持的主張從未動搖。我一直致力於簡單且直接的設計，以提供適合個人，而不是只為指標計算機的服務。

凝聚點可以是你的價值觀，是以某種形式表達的內容——寫作、影片、攝影等。甚至可能只是你跟別人交談的音調。它可以是任何形式的呈現，用來讓你的人知道，他們是你的人。

MailChimp 的「Voice & Tone」網站是一個非常好的例子，它是非宣傳型的凝聚內容。它不是一個具體的想法或價值觀，即便如此，公司的宣言也能體現出來。凝聚點可以單純只是，你願意在一對一的基礎上與人溝通。

最好的行銷永遠是具有自己的立場。這不只是銷售產品或服務，而是告訴受眾，為什麼只因為他們認同你的作法，他們就要不惜任何代價來購買產品或服務。就像Chipotle的短片《稻草人》（*The Scarecrow*），片中對於墨西哥捲餅的著墨比較少，反而更著重於公司為什麼要賣墨西哥捲餅。

你的目標也許有一天能夠被實現，或者可以調整它們到發揮作用，但是，你的凝聚點必須跟你做的事情背後的價值觀與意義相符（而非只是你做的事情的具體內容）。它們是明確且顯而易見的，因此無法忽視。它們是大膽的聲明，說明你的工作不只是工作，更是做這件事的首要原因。

所以你的凝聚點是什麼？當你高舉你的旗幟時，它會是什麼樣子？而誰又會被它所吸引呢？

完成任何計畫

想完成任何計畫，最重要的部分就是說「不」。

當你有很多想法時，你很難選擇要進行哪一項。不過，更難的是貫徹並啟動你提出的想法。

任何計畫一開始都充滿了熱情與努力。一切看起來都很神奇。當你在探索新鮮的事物時，要把你的心思從新奇的事物上轉移是很難的事。

但接著，這種熱情會無可避免的消退一些。當這項工作開始真的像工作，你甚至會放棄這個計畫，不是以大動作方式刪除，只是越來越少從事這個計畫，直到你忘記它還存在。

我（通常）會做一些重要的事來避免對計畫感到倦怠，以幫助自己保持專注，且快速的從構思階段轉移到啟動階段。

在我探索一個想法之前，我會坐下來思考一下。我的意圖是什麼？引導這些意圖的是什麼？是外在還是內在因素所引導？如果我能度過這個階段，我就能想出盡可能把計畫拆解成最小步驟的方法，這樣一來，每一個單獨的任務就不會顯得那麼嚇人，或讓人覺得需要神的鼓勵才能繼續下去。

我也喜歡在完成每一個小任務後獎勵自己。或許是在社群媒體上花十分鐘跟朋友聊聊。或許是穿著 lululemon 的褲子，做瑜伽休息一下子。

在進行計畫的期間，我也喜歡回顧我最初的意圖。尤其是在你覺得你不應該繼續進行的時候，重新聚焦，並想起當初的理由是好的。

想完成任何計畫，最重要的部分就是說「不」。如果我正在執行一個想法，我幾乎對所有事情都會說「不」：新專案、新客戶、社交活動……那些基本上會把我的注意力從我正在做的事情上轉移的任何事。我會休息，但是休息跟影響我完成工作的事情是有區別的。我會說「不」，這樣才能對我正在做的事情說「好」——或者對我想追求的事說「好」。

如果一個想法真的沒有效，我可能會試著接受最終結果或調整我的期望，因為它們或許是不切實際的。或許受眾看不到我所做的事情的價值，沒關係，因為這只是一個實驗。我可以反覆改良、改變一些變數，或者轉身離開。

知道什麼時候該放手

如果我仔細思考我在做什麼，卻發現它沒效果是因為它沒有創造價值，與我的價值觀不相符，也沒有為別人提供價值，那麼我就會放手。

有時我們的工作達不到效果。愛因斯坦說，用相同的變數做相同的實驗，卻期望得到不同的結果，這就是所謂的瘋子。放棄一個計畫是很困難的事，但為了替新想法騰出空間，有時候這是必要的事。

挫折從來都不是放棄的好理由。如果我覺得沮喪，我可能會離開一下子，但我從來不會因為氣餒就認輸。如果我仔細思考我在做什麼，卻發現它沒效果是因為它沒有創造價值，與我的價值觀不相符，也沒有為別人提供價值，那麼我就會放手。

有時候某些工作不值得我付出時間和精力。我會解雇客戶，因為這個工作對我們兩個來說都不合適。我們的價值觀終究不一致，或者我們根本無法有效的溝通。雖然這從來都不是容易的事，但有時候為了讓對方找到更適合他的人（如此一來他們就能得到更好的結果），一刀兩斷是必要的，同時也可以為那些更適合你的專案留出空間。

可再生的資源

答應做錯誤的事情太久，會讓工作變得缺乏個人意義。

我們的時間與精力都不是可再生的資源。一旦我們用了，就沒辦法再把它們找回來。這也就是為什麼我經常說「不」。我會無情的拒絕設計專案與寫作工作，因為我知道如果我做出超過自己能力的承諾，我的工作就會受到影響。如果我對某些事說「好」，而我的時間與精力卻可以更適當的用在別處，那麼我只能怪我自己。

有時候我們不能拒絕——特別是當我們剛起步的時候，我們想說「不」的事情可能是將來必須努力的方向。能說「不」的先決條件是你有其他選擇——

而房貸、孩子、承諾，以及其他生活狀況都可能會限制你的選項。但是，當我們靠我們的技能工作，為我們的受眾提供更深層的價值時，更多的選項往往就會出現。

當你開始發展你的技能與專長，你大概會擁有更多的時間與精力。所以，對任何到你面前的工作說「好」是件好事。不過，當你沿著你的路走得更遠時，你的時間與精力會變得更加寶貴。你應該決定什麼該答應，什麼該拒絕，因為這最終會決定你從你做的事情中能找到多大的意義。答應做錯誤的事情太久，會讓工作變得缺乏個人意義。

選擇接受或選擇拒絕是要負重責大任的。開口**拒絕**是很可怕的，因為它讓你失去一個機會。拒絕了工作等於拒絕了一張支票。我們擔心如果拒絕眼前的工作，可能就沒有其他專案了。

可是，我仍然會拒絕，因為這樣才能接受符合我的價值觀的事，以及我喜歡做的事。我也會接受我很樂意簽上我的名字的工作。我在跟**接受與拒絕**打一場長期比賽，因為打造一人公司的工作需要花一輩子的時間。

專家與默默無聞

好好陶醉在默默無聞之中吧，因為這代表你可以自由自在的嘗試，並且在沒有太多人關注的情況下失敗。

你可能會覺得自己像個騙子——覺得自己不夠好，無法勝任目前你正在做的工作，或者因為你不是專家，所以覺得你的觀點不能讓人信服。

其實，沒有真正的專家，只是他們在個人的旅途上走得更遠。我保證，他們有時候也會覺得自己像騙子。但是如果你很擅長你的工作，人們也重視你的意見，那麼恭喜你，你跟專家是同一群人。

你不需要擁有學位、出版合約、或主題演講請帖來證明你自己。自信，就代表單純的相信你的工作與得來不易的經驗，同時承認你沒有完成的學習。專家也可能一直是錯的，他們也可能會害怕。

你不需要為了要有自信，而去證明自己是對的（政治家就是很好的實例）；你只需對某件事情有足夠的了解，可以提出你的觀點——然後你必須接受這個觀點可能是錯誤的，且願意隨時做出改變。

如果你還沒擁有一位重視你的觀點的受眾，那麼，你其實正處於一個美好的地方。好好陶醉在默默無聞之中吧，因為這代表你可以自由自在的嘗試，並且在沒有太多人關注的情況下失敗。這是個大好時機，可以讓你實驗原型、嘗試許多瘋狂的想法，以及做一些可能很稀奇古怪的工作。專家會擁有對他們留下深刻印象的群眾，會有很多雙眼睛注視著他們的一舉一動，這也會讓他們處於危險之中。

兩個群體各有它的優點與缺點，不管處於哪一個群體的人，有時候都希望自己能在另一個群體裡。別人家的草永遠比較綠。

守門員

我們可以自由的分享我們想分享的事物，能夠阻礙我們的只有我們自己。

每個行業中，守門員幾乎都在消失。過去為了分享我們所創造的東西，必要的唱片公司、出版社，以及投資者已經不復存在了。現在，我們可以直接與世界各個角落的人聯繫。

讓我們把這個新的現實再往前推一步：如果這個世界沒有出版社、唱片公司、投資者、評論家，或甚至是沒有網路酸民，那會怎麼樣呢？如果評論別人的工作是違法的，那會怎麼樣呢？你會做什麼？如果你希望這樣的世界成為現實，那麼它就可以存在。

我們可以自由的分享我們想分享的事物，能夠阻礙我們的只有我們自己。

所以，你會分享什麼呢？

當個創造者

做好某件事，可以歸因於反覆改良與創新，而非不斷的宣傳你已經做過的事情。

沒有守門員，我們都有了簡單的公共平台可以分享我們的工作，進而迫使我們成為宣傳者。這麼一來會縮短實際的創作時間，有時候也可能會讓創作發生改變。

社群媒體宣傳已經變得跟「保持冷靜，繼續前進」（Keep Calm and Carry On）的迷因（meme）一樣無處不在。我們都被社群媒體的宣傳連續轟炸，以至於我們乾脆忽略它，讓它變得毫無用處。

在我為自己工作的前十年當中，我沒有做任何的宣傳。我甚至沒有使用社群媒體（因為當時社群媒體存在於像 GeoCities 這樣的地方）。我只是專注於為我的客戶製作最好的網站。

不幸的是，專注於熱情的企業主可能會對他們所做的事充滿熱情，以至於他們想要不斷的告訴大家，他們正在做什麼事。

做好某件事，可以歸因於反覆改良與創新，而非不斷宣傳你已經做過的事情。雖然有一個可以散播好消息的地方，但是它的優先順位，不應該排在構思與創造殺手級的新事物之前。

偷竊與反覆改良

如果看到某個東西對專案有用，我會去偷。這只是小事。反覆改良具體細節，直到它們相容為止。

當我開始做設計的時候，網站並不多，但我經常去查看它們的圖與原始程式碼，看看我是否能複製它們。我會一次又一次的這樣做，直到我可以有效的複製這些網站。接著我會努力讓它們變得更好、更快、更符合我自己的風格。我應該這樣做了好幾百次——在我自己的電腦裡私下做。當我覺得我能夠有效的抄襲與複製單一網站時，我就會把幾個最好的網站融合成一個網站。我會一次又一次的複製它，直到我能快速的做出來。接著，我會試著修正矛盾的地方，因為這個設計是從好幾個來源提取出來的。我會把這些矛盾消除，所以它看起來會像一個統一的品牌。然後，我會努力讓它看起來更好、運作得更有效率。我一遍又一遍的在這個過程中反覆進行改良。

最終的成果跟我最初複製的原始程式碼，會看起來完全不一樣，這就是我自學網頁設計與程式設計的方式——透過**偷竊與反覆改良**。

在這之後也沒有太大的改變。我還是從其他來源竊取我所有最初的想法。有時候是從網路上，但主要是從自然、時尚、雜誌、書籍、建築或藝術上。如果看到某個東西對專案有用，我會去偷。這只是小事。反覆改良具體細節，直到它們相容為止。我會反覆改良特定元素，直到它們符合我獨特的風格為止。

當這些碎片在我的改良過程中倖存下來之後，它們就不再像我最初所看到的那樣——如果你把最終成果跟原始來源拿來比較，你肯定會說：「真的嗎？它們有關嗎？」

模仿與偷竊之間的差別

如果你模仿別人做的事，那麼你就沒能講出你自己的故事。

大多數藝術家不會認為我的過程是「偷竊」。並不是每一幅微笑女子的畫作都是達文西的仿冒品，也不是每一個網站都是史上第一個網站的複製品。如果你在做類似的事情，使用相同的工具，總會有相似之處。

模仿是把某樣東西拿來冒充是你自己的東西。這樣不好——但並不是因為這麼做太明目張膽，所以不好。這樣做之所以不好，是因為如果你模仿別人做的事，那麼你就沒能講出你自己的故事。你的故事是你用來創造的獨一無二的鏡頭。它是讓你的工作成為你的作品的東西。

藝術家以不同的素材做為出發點，述說他們自己的故事。每個人都會受到前人的影響。創作並不存在於真空狀態之中。

當我們有靈感時，我們不必為尋找創作靈感而煩惱。我們的繆思女神就住在別人的作品裡，它可說是無處不在。以別人的成果為基礎，來發展並優化屬於你自己的獨一無二的故事與特色。

盯著一個空白的螢幕，然後告訴自己，「現在，創造出一些很棒的東西吧。」這可能是件很恐怖的事。

尤其一開始的時候，我沒有因為偷竊而擔心自己觸法。我是基於教育目的，而去抄襲與模仿。為了自學複雜的事情，我無恥的去偷。

在我拆解偷來的東西的同時，我也正透過這種方式，學到我所知道的一切——不是經由學校，而是經由偷竊與反覆改良。

過程是醜陋的

創作的過程是艱難且充滿挫折的。但是，只有當你把焦點放在最終目標時，「這樣行不通」才會變得煩人。

創造力是魔法的一部分。然而，更大的部分需要我們去反覆改良，直到產生漂亮的成品。

從初稿到最終成品的過程，通常會非常醜陋。需要做很多可怕的草稿，嘗試錯誤的想法或路徑，才能讓不成功的東西變成好東西。就像拼圖盒一樣，只有當創意行得通的時候，它才能發揮作用。

我們太把**創意**偶像化，因為身為創意的消費者，我們只看到最終的成品

——它是可能需要耗費幾天、幾週、幾個月、或幾年才能完成的某樣東西的最佳版本。最終的產品包含了大量的策展、編輯，以及反覆改良，直到它變得真的很棒。

所有創造型的工作，都包含一個別人永遠看不到的過程。一個好的設計，或是一個拋光過的產品，會讓過程看起來顯得很容易，儘管實際上需要付出很多辛勞的汗水。寫一本書也一樣。如果最終的成果是一本讀起來精彩流暢、容易閱讀的書，那麼這本書可能進行了幾十次的修訂、無數次的編輯，以及大幅度的調整，才能讓它有這樣的成果。這可能需要花費幾個月、甚至幾年才能完成。

好的成品不像社群媒體上的最新情報——只在一兩秒鐘內很重要。它們的價值可以持續一輩子（或更長時間）。

一旦你公開你的作品，它應該讓人感覺是合理的——就像它全部累積起來的樣子。我的網頁與寫作專案，只在它們完成時才會有意義。在它們完成之前，它們可以是瘋狂的、骯髒的、混亂的。

才華與天賦通常是反覆迭代的。事物在發揮作用之前是不成功的。你不需要一開始就成為專家，你可以邊走邊學。

創作的過程是艱難且充滿挫折的。但是，只有當你把焦點放在最終目標時，「這樣行不通」才會變得煩人。當你完成某件事情時，這件事是為別人完成的；但是當你在從事某件事時，這是只為你自己做的。

這個過程就是魔法產生的地方。享受創造、發明、探索的美妙。不要等到結束了才感覺獲得獎勵，有時候，它可能永遠不會發生。**勞動就是報酬**。

創造粗糙的初稿

專注於這個想法，而不是專注於這個想法要如何呈現。

對於大多數創作者來說，鍥而不捨的完成初稿或原型是很困難的。無論是寫作、設計、拍攝或是其他任何事情，都是一樣的場景。第一次的嘗試不會很糟糕，因為想法還沒成形；它之所以糟糕是因為，它往往是我們應用到專案中，各種想法與腦力激盪的大雜燴。當中可能會有太多的想法、甚至沒有意義的想法，以及更適合給剛學會走路的孩子執行……之類的事情。

在這個階段，先收起你的編輯角色，只要把想法寫下來就好。進行腦力激盪，直到你想不出任何想法為止。

為了創造出東西，你要盡可能的去創造，即使很糟也沒關係。編輯、拋光和策展都可以之後再進行。

我通常會故意把初稿寫得很糟糕。這些初稿極為難看，而且有些甚至是我不願讓我的編輯看的內容。但我把這些想法寫在（虛擬的）紙上，接著繼續發展下去——然後，我擁有了一些具體的內容可以塑造成形。

藉由專注於這個想法，而不是專注於這個想法要如何呈現，我可以之後再反覆改良它，直到它準備好供大眾消費。

比較是惡劣的

比較是困難的，因為我們試圖把完整的、有缺陷的自我，拿來跟另一個「完美的」人相提並論。

我們剛才討論過為什麼創作過程是醜陋的。另一方面，把我們的作品與其他人的作品拿來比較也是徒勞無功，因為我們不知道、也看不到他們全部的過程。

最終成果看起來總是很容易，好像沒有其他更好的達成方法。但是，你所看見的最終成果，是需要實際的努力才能達成的成果。你或許永遠都看不到這些成果背後的真相。在獲得「明顯的」結論之前，可能經歷過失眠的夜晚，或是一〇八次順利的反覆改良。

比較是困難的，因為我們試圖把完整的、有缺陷的自我，拿來跟另一個「完美的」人相提並論。這樣做是把我們自己的真實面貌，與他人的幻想版本相比較——但你不能把兩個不一樣的東西拿來相提並論。即使情況相同，**比較，能滿足什麼目的呢？**

享受旅途與醜陋的過程。這是屬於你的。別再用任何人或任何事物來衡量你自己，思索一下，有價值的工作對你來說意味著什麼。

結束了嗎？

你內心的指南針指向你重視的事物，所以無論失敗或成功，忠於你內心的指南針所指的方向，你就永遠不會迷失方向。

這不是真正的終點，因為創造有意義的工作並非指那些你曾經完成的事情。它是持續不斷的——有時必須掙扎，有時卻很輕鬆。但它永遠不會結束。沒有一位偉大的藝術家會說：「很好，我最後一件作品真是他媽的史詩級，就到此為止了。」即使是傑斯（Jay-Z），他也在宣布退休後又再度復出（到目前為止已經好幾次了）。

選擇屬於自己的路，可能是你做過最可怕的事情之一，因為到頭來，你不得不為結果負責。你不能在做了之後，事情不成功就責怪別人。無論是失敗或成功，完完全全是你的責任。

這本書就是我所知道的一切（或者至少是我所知值得分享的所有事）。全部都在這裡了，我希望你能從中獲得一些啟發。而且很顯然的，要閱讀我所知道的一切，並不需要花很長的時間。

試著去融入群體，是我們所能做最安全的事。但是已經有太多要融入的事了。選擇一個獨一無二的冒險，聽起來很難也很可怕，到底我們為什麼要自找麻煩呢？我們可以保持安全，並且以「正常」的方式、屢試不爽的方式，或者其他人先走過且獲得成功的方式去做事就好。

走屬於自己的路，代表不帶手電筒（或手電筒App）就走進黑暗中。然而，也沒有其他方式，可以讓你根據你的價值觀去過有意義的生活——因為每個人都有不同的價值觀。

你的工作或作品不只與你有關，也與消費它的人有關。找到你自己的價值觀與意義，以及跟你的受眾願意買單的相符之處（即你們的交會處），這是一件神奇的事，也可能是需要花一輩子來達成的事。

當然，在路上你也許會害怕。不過，向前走的唯一方式，就是邁出一小步，然後另一小步，再接著另一小步，不斷的向前移動，直到它像在走路或跑步。你內心的指南針指向你重視的事物，所以無論失敗或成功，忠於你內心的指南針所指的方向，你就永遠不會迷失方向。你所創造的作品就是你自己的倒影，所以當它越靠近屬於你自己的磁北方，它就更加有意義。

這不是終點，**這是起點**。藉由在新的方向上邁出一步，穩健的在新的道路上向前走。想要堅持你的價值觀，需要你不斷的確認並重新評估你在做什麼。恐懼永遠不會消失，但你可以控制它們，並在恐懼的同時努力做好有意義的工作。

你必須對你帶給這個世界的工作或作品負責，所以為什麼不把這項工作變得更出色呢？

後記

我意識到我寫了很多負面情緒與經驗，像是批評、恐懼、失敗。

也許這樣很不鼓舞人心（讓人情緒低落是不合理的）。我之所以用悲觀的角度寫下我想要寫的內容，是因為最後我還帶著一絲的希望。所以，我的文字總是以克服與勝利的外表來謹慎的包裝。

如果，在沒有負面情緒的情況下，會發生什麼事呢？我並不是要討論自信最終克服一切考驗與磨難，製造一個自大狂的話題（這可能會是另一本書），我是想討論當你找到你的「最佳狀態」，會發生什麼事？當你坐在辦公桌前工作，繆斯女神真的出現在你的耳邊低語時，你會怎麼樣？

靈感、天賦異稟、啟示。不管你怎麼稱呼它，這個世界（儘管它有很多缺點）有時候會展現出美麗的藝術作品與輝煌的時刻。甚至想想你曾經經歷過的那些魔法，無論程度大或小，都會讓你起雞皮疙瘩。

所有人的內心都會不斷的戰鬥，以便創造出一些憑著靈感做出來、令人驚嘆的事物。

某些消極的時刻會讓人覺得，我們不可能獲得所需的開闊空間與注意力創造出輝煌的成就。我們告訴自己，我們做不到，或者我們不夠好，然後讓所有的批評、恐懼和失敗蜂擁而上。它們會消耗掉我們，但有時候它們不會。它們的防禦並非沒有縫隙，有時我們看到一道光線照射進來，我們可以用盡所有力氣，尖叫著朝它跑去，就像一個穿越足球場的裸奔者。

我們如何找到自己的天賦異稟？為什麼有時候它會出現，有時候又不出現？這個祕密可不可以裝入瓶子裡，當成旅行時讓人振奮的餘興節目出售？如果可以的話，請幫我報名，我要提供**所有的瓶子**。

在每次嘗試中，我可能不知道如何創造出令人驚艷的作品（沒人知道），但是簡單來說，我肯定知道那是什麼感覺。我做過一些我還不討厭的寫作、音樂以及設計。短暫的瞬間，感到自豪的時刻。那些靈感來臨的時刻讓我覺得我就是我自己（它不應該看起來像是外來的）。感覺好像我已經抓住了自己真實的聲音，我用盡我的全力抓住它，哪怕只有一秒鐘也好。這種感覺有點瘋狂，好像繆斯女神總是會試圖逃走。

但在那些靈感浮現的時刻，我感覺到自己完完全全真實的存在——真實到甚至我只花一百萬分之一秒去思考這種感覺，我就會失去它。這種存在感讓你沒有空去擔心什麼憂患意識，或同時進行多項思考。

當靈光乍現時，你只有空間去做由靈光引導的所有事情。一通電話、一個行事曆通知，或者關於推特動態消息的雜念，都會讓一切中斷。因為啟示是稍縱即逝的，它就像有別的地方要去一樣，一旦你稍微鬆手，或失去抓住它的力量時，它就會繼續移動——直到有人緊緊抓住它。這些人可是幸運的討厭鬼。

最有趣的部分是：當繆斯女神屏住呼吸在你耳邊低語的時候，在它出現的**前一秒**，正是所有消極的念頭與想法都達到頂峰的時刻。這絕對是你生命中最糟糕的一秒鐘，也是你最害怕的時刻。當你坐在鍵盤前、盯著空白的螢幕，你可能會覺得寫作還好；當你拿起吉他，開始思考第一個和絃之前，你可能認為你可以寫一首很棒的歌。然後你慌了。呼吸變得更急促。你也許會拿起你的手機，查看Facebook的新訊息，而不是試圖克服恐懼。

這是成敗的關鍵時刻——問題是，即使你開始，並成為靈感在那一秒鐘的傳遞者，也不能保證任何事情。你可以開始工作，不過電光火石可能不會出現。但這只是一個數字遊戲，只有當你從事更多的工作，你完成非凡的工作的機率才會增加。堅持下去，你也許能做出很棒且受到靈感啟發的工作。但假如在那一刻，你選擇一條輕鬆的路，也就是阻力最小的路，會走回相同的、老套乏味的地方的路，那麼你就錯過了你的機會。你回來盯著網路上的貓或名人的照片，做出精彩的工作的可能性就直接歸零。這件事又變回白日夢，變回某件未來……明天再來努力的事。

反覆的鼓起勇氣，或堅定的去從事工作，可以磨滅你的抗拒。如果你每天例行性的做某些事情，你的恐懼就會減少——不會完全，甚至不會非常多，但足以自我察覺。那些恐懼討厭被忽視。它們會變得厭煩，甚至覺得無聊。這正是為什麼通常寫一本書的中間部分，比寫第一頁更容易；或者完成一幅畫作的最後一筆，比第一筆更容易；或是第三十二場巡迴表演，比第一場巡迴表演更容易。

注意力是你送給自己的工作禮物。投入越多的注意力，恐懼能霸占的空間就越小。

注意力不只是為了避免罹患精神官能症，它更代表你完全在場，並且準備好發揮你的才能。這代表著你可以開始工作。如果繆斯女神很健談，那麼你的作品可能會變得很精彩。

天賦也許**他媽的此時此刻**正在試圖聯絡你。你聽到了嗎？還是你正忙著更新推特呢？

謝辭

感謝我的妻子麗莎，謝謝她一直忍受一個內向、堅忍和神經質的丈夫。感謝雪瑞・漢森（Cheri Hanson）善於使用文字，幫助我把文字組織起來。感謝馬克・約翰斯（Marc Johns）能夠創造出美麗的藝術。感謝賈斯汀・馬斯克（Justine Musk）精彩、鼓舞人心的前言。感謝其他曾經指導、協助、批評，以及鞭策我的人，你們幫助我完成了這本書。

感謝你，本書的讀者。

國家圖書館出版品預行編目（CIP）資料

一人公司起步的思維與挑戰 / 保羅 . 賈維斯 (Paul Jarvis) 作 ; 劉奕吟譯 . -- 初版 . -- 臺北市 : 遠流 , 2020.02
面； 公分
譯自 : Everything I know
ISBN 978-957-32-8705-6(平裝)
1. 職場成功法
494.35 108022463

一人公司
起步的思維與挑戰
Everything I Know

作者／保羅・賈維斯（Paul Jarvis）
譯者／劉奕吟
總監暨總編輯／林馨琴
責任編輯／楊伊琳
行銷企畫／趙揚光
封面設計／陳文德
內文排版／邱方鈺

發行人／王榮文
出版發行／遠流出版事業股份有限公司
地址：104005 台北市中山北路一段 11 號 13 樓
電話：(02) 2571-0297 傳真：(02) 2571-0197
郵撥：0189456-1

著作權顧問：蕭雄淋律師
2020 年 2 月 1 日　初版一刷
2024 年 1 月 16 日　初版七刷
新台幣定價 280 元（缺頁或破損的書，請寄回更換）

ISBN 978-957-32-8705-6

YLib 遠流博識網
http://www.ylib.com
E-mail: ylib@ylib.com